款冬

规范化栽培与品质评价

刘　毅◎编著

西南交通大学出版社
·成都·

图书在版编目（ＣＩＰ）数据

款冬规范化栽培与品质评价／刘毅编著. —成都：
西南交通大学出版社，2016.1
ISBN 978-7-5643-4527-3

Ⅰ. ①款… Ⅱ. ①刘… Ⅲ. ①款冬花－栽培技术②款
冬花－品质特性－评价 Ⅳ. ①S567.23

中国版本图书馆 CIP 数据核字（2016）第 012233 号

款冬规范化栽培与品质评价	刘毅　　编著	责任编辑　　牛　君
		封面设计　　墨创文化

印张 13.5　**插页** 4　**字数** 247千	**出版 发行** 西南交通大学出版社
成品尺寸 170 mm×230 mm	**网址** http://www.xnjdcbs.com
版本 2016年1月第1版	**地址** 四川省成都市二环路北一段111号
	西南交通大学创新大厦21楼
印次 2016年1月第1次	
印刷 四川煤田地质制图印刷厂	**邮政编码** 610031
	发行部电话 028-87600564　028-87600533
书号： ISBN 978-7-5643-4527-3	**定价：** 48.00元

前　言

    中药质量标准是国家对中药质量规格及检验方法的技术规定，是衡量中药质量的尺度和准则。随着科技的进步与发展，中药质量控制与检验技术也在不断进步与发展。重庆市是中药大市，款冬花是重庆的道地药材，应用现代中药质量控制与检验技术，规范款冬花质量标准，对保障公众用药安全、有效，提高款冬花质量控制和检验技术水平，提高重庆市中药产业竞争力具有重要意义。

    中药材生产研究是中药研究与开发的关键环节之一。建立款冬花的生产、采收、饮片加工的规范标准，对于保证款冬花药材以及中成药产品质量具有特别重要的意义。

    本书的主要内容：对款冬花做了本草考证研究，植物学、形态学、细胞学、微生物学研究；进行了款冬花的规范化栽培研究和质量标准研究；开展了款冬花质量评价体系研究；提出了款冬花药材质量标准和款冬花栽培规范。

    本书适合从事中药鉴定、中药品质分析、中药材 GAP 研究及中药研究的专业人士使用，也可供生物学、生物技术、中药学、药学等研究生、本科生参考。

    本书的研究获得重庆市中药研究院的大力支持，获得巫溪县远帆中药材种植有限责任公司的支持。本书的出版获得重庆邮电大学出版基金资助，在此表示深深的谢意。

由于编者水平有限，书中难免会存在不妥之处，敬请广大读者批评指正。

作 者

2015 年 5 月

目　录

1 款冬花研究概况

1.1 款冬花研究概况

款冬花为菊科多年生草本植物款冬（*Tussilago farfara* L.）的干燥花蕾，具有润肺下气、止咳化痰之功效。李时珍引用苏颂所言曰：款冬花为"古今方用温肺治嗽之最[3]"。《中国药典》（2010 年版）将款冬花收载为常用中药。款冬花在临床上使用广泛，许多常用的止咳平喘方剂，如二母安嗽丸、半夏片、气管炎片、平喘片等中成药中均有款冬花，主要用于新久咳嗽、喘咳痰多、劳嗽咯血等症。

本书对款冬花的化学成分、药理活性及栽培种植等研究情况进行综述，为款冬花的规范化栽培和质量标准的研究提供科学依据。

1.1.1 化学成分的研究进展

从国内外学者对款冬花的化学成分研究报道分析，款冬花含黄酮、萜类、生物碱、挥发油、有机酸等化学成分。

1.1.1.1 黄酮类成分

黄酮类为款冬花的主要成分，研究证明黄酮类有止咳、平喘和祛痰的作用，与款冬花的功效相关。1971 年，Kaloshina 从款冬的叶和花中分离出芦丁（Rutin）、金丝桃苷（Hyperin）、山奈酚（Kaempferol）等成分。李仲荃等人研究用高效液相色谱测定款冬花中芦丁含量的测量方法[1]，刘毅等人用HPLC 对不同产地的款冬花中的芦丁做了含量测定[2]。款冬花的黄酮类成分测定，可以作为其质量控制的一个指标。

1.1.1.2 萜类成分

萜类是款冬花的另一类主要成分，主要有倍半萜和三萜，一些萜类成分（如款冬酮等）迄今为止仅在款冬中发现，可作为款冬花的标示性成分。款冬花的萜类成分的测定，也可以作为其质量控制的一个指标。另外，三萜类成分的止咳、平喘、祛痰作用，已在相应的药材（桔梗、甘草等）研究中得到证实，为把萜类作为质量控制指标提供了依据。刘可越等总结了以款冬酮为代表的 18 种倍半萜（表 1.1）和以款冬二醇为代表的 5 种三萜类成分[3]。

表 1.1 款冬花中的倍半萜类化合物

No	化合物名称	分子式	参考文献
1	款冬花酮 14-acetoxy-7β-(3-ethyl crotonoyloxy) notonipetranone	$C_{23}H_{36}O_3$	[35,38]
2	新款冬花内酯 I 7β-[3-ethyl-cis-crotonoyloxy]-5,6-dehydro-3,14-dehyd10-Z-notonipetralactone	$C_{24}H_{31}O_4$	[35]
3	1α-(2-甲基丁酸)款冬花素酯 14-acetoxy-7β-(3-ethyl-cis-crotonlyloxy)-1α-(2-methyl butyryloxy)-notonipetranone	$C_{28}H_{44}O_5$	[38]
4	14-去乙酰基款冬花素 7β-(3-ethyl-cis-crotonoyoxy)-14-hydroxy-notonipe tranone	$C_{21}H_{30}O_4$	[38]
5	7β-去(3-乙基巴豆油酰氧基)-7β-当归酰氧基款冬花素 14-acetoxy-7β-engeloyloxy-notonipetranone	$C_{22}H_{32}O_5$	[38]
6	7β-去(3-乙基巴豆油酰氧基)-7β-千里光酰氧基款冬花素 14-acetoxy-7β-senecioyloxy-notonipetranone	$C_{22}H_{35}O_5$	[38]
7	1α-(2-甲基丁酸)-14-去乙酰基款冬花素内酯 7β-(3-ethyl-cis-crotonoyloxy)-14-hydroxy-1α-(2-methylbutyryloxy) notonipetranone	$C_{28}H_{42}O_6$	[38]
8	14-去乙酰基-3,14-去氢1α-(2-甲基丁酸)款冬花素内酯 7β-(3-ethyl-cis-crotonoyloxy)-1α-(2-methyl butyryloxy)-3,14-dehydro-Z- notonipetralactone	$C_{26}H_{38}O_5$	[35,38]
9	款冬花素内酯 tussilagolactone	$C_{28}H_{42}O_8$	[38]
10	1α,5α-bisacetoxy-8-angeloyloxy-3β,4β-epoxy-bisabola-7(14),-10-dien-2-one	$C_{24}H_{33}O_8$	[39]
11	7β-angeloyloxyoplopa-3(14) Z, 8(10)-dien-2-one	$C_{20}H_{28}O_3$	[40]
12	7β-(4-methylsenecioyloxy) oplopa-3(14) E, 8(10)-dien-2-one	$C_{20}H_{28}O_3$	[40]
13	1α-angeloyloxy-7β-(4-methylsenecioyloxy) oplopa-3(14) Z, 8(10)-dien-2-one	$C_{21}H_{30}O_3$	[40]
14	7β-senecioyloxyoplopa-3(14) Z, 8(10) -dien-2-one	$C_{26}H_{36}O_5$	[40]
15	1α-7β-di(4-methulsenecioyloxy) oplopa-3(14) Z, 8(10)-dien-2-one	$C_{27}H_{38}O_5$	[40]
16	(3R,4R,6S)-3,4-epoxybisabola-7(14), 10-dien-2-one	$C_{15}H_{22}O_2$	[41]
17	(1R,3R,4R,5S,6S)-1-acetoxy-8-angeloxoyloxy-3,4-epoxy-5-hydroxybisabola-7(14), 10-dien-2-one	$C_{20}H_{32}O_4$	[41]
18	14(R)-hydroxy-7β-isovaleroyloxyoplop-8(10)-en-2-one	$C_{21}H_{34}O_5$	[41]

1.1.1.3 生物碱类成分

德国 Luethy 等利用 GC-MS 定量测得中国产款冬花中含双稠吡咯啶生物碱 Senkirkine，其质量浓度为 47×10^{-6} mg·mL^{-1}。Wawrosch C 等对其吡咯里西啶生物碱做了测定，表明一些克隆品不含吡咯里西啶生物碱[4]，提出了降低毒性，安全使用款冬花的新思路。刘可越等总结了 5 种吡咯啶生物碱类成分[3]：千里光碱、2-吡咯啶乙酸甲酯、款冬花碱（Tussilagine）、异款冬花碱（Isotussilagine）等，其生物碱的含量低，属于吡咯啶生物碱类。吡咯里西啶生物碱（Hepatotoxic Pyrrolizidine Alkaloids，HPAs）具有迟发性肝毒性，可引起肝硬化及蔓延性肝静脉内膜炎；亦有报道千里光碱为致癌物质，故国际上对 HPAs 类成分有限制性规定。

另外，刘玉峰等人利用 GC-MS 系统对款冬花中挥发油成分进行分离鉴定，结果检出 259 个色谱峰，鉴定出 65 个化合物，占挥发油总量的 84.62%[5]；佘建清、刘晓冬等也对款冬花的挥发油做了分析[6,7]，但他们的结果有差异。日本人铃木芸子对款冬花的挥发油做了分析[8]；江林等对款冬花的微量元素做了分析[9]；石巍等从款冬花中分离出尿嘧啶棱苷、腺嘌呤棱苷、顺式咖啡酸、反式咖啡酸等成分[10]。未见有系统采用倍半萜类、三萜类、黄酮类、生物碱类成分含量进行综合质量评价的报道。高运玲等对款冬花的色素做了研究[11]。

款冬花中还含鞣质、蜡、精油、氨基酸和无机元素。叶含苦味苷 2.63%、没食子酸（Gallic acid）、弹性橡胶样物质、糊精、菊糖（Inulin）、植物甾醇、谷甾醇、硬脂酸及棕榈酸甘油酯、酒石酸（Tartaric acid）、苹果酸（Malic acid）、转化糖、胆碱（Choline）、碳氢化合物（$C_{26}H_{56}$，$C_{28}H_{58}$）、皂苷、胡萝卜素、维生素 C、鞣质、微量挥发油及黏液质。灰分中含锌甚多，达 3.26%（以 $ZnCO_3$ 计）。鲜根茎含挥发油、石蜡、菊糖、鞣质。根含橡胶（0.015%）、鲍尔烯醇（Bauerenol）等。叶含苦味苷红（2.63%）、皂苷、胆碱、谷甾醇、酒石酸、没食子酸、苹果酸、菊糖、胡萝卜素等[12]，

1.1.2 药理研究进展

款冬花的药理作用研究多见于用原药材、萜类和生物碱类的试验[3]。现代药理研究表明，款冬花具有以下功效：① 镇咳、祛痰和平喘作用；② 呼吸兴奋作用；③ 对心血管系统的升压作用；④ 款冬花酮能显著增加外周阻

力，强烈收缩血管，其作用强于多巴胺；⑤ 抗血小板激活因子的作用等。Hirono T 等对款冬花的毒性作用进行了研究。

款冬花醇提取物有镇咳作用，乙酸乙酯提取物有祛痰作用；款冬花醇提取物和醚提取物静脉注射，对麻醉猫和兔有兴奋呼吸作用，但有时在呼吸兴奋前或后可能出现呼吸暂停。其作用类似于尼可刹米，并可对抗吗啡引起的呼吸抑制。款冬花对组织胺引起的支气管痉挛有解痉作用。款冬花醇提取液和煎剂静注，对猫、兔、犬、大鼠有明显升压作用；对失血休克猫升压作用更为明显。其升压作用的特点是用量小、作用大、发生快、持续时间久、反复给药无快速耐受性。其升压作用机制主要是兴奋延脑血管运动中枢。血压升高的同时，可见瞳孔散大，泪腺和气管腺分泌增加，四肢肌肉紧张。款冬花醚提取物对胃肠平滑肌呈抑制作用，对在位和离体子宫，小剂量时兴奋，大剂量时则呈抑制，或兴奋继之抑制；醚提取物用于蛙、蟾蜍、小白鼠、大白鼠、豚鼠及家兔等动物，均可引起狂躁不安、呼吸兴奋、肌肉紧张、颤动、阵挛，最后惊厥死亡。

款冬花素有抑制血小板聚集的作用，其药理作用是款冬花素在钙通道阻滞剂受体结合试验中有阻断活性作用。款冬酮可使心肌纤维缩短和心输出量明显增加。对失血性休克不仅升压作用强、维持时间长，而且能使心肌力量-速度向量环的形态恢复得更接近于正常；款冬花酮对犬的血流动力学研究表明，款冬花酮能显著增加外周阻力，强烈收缩血管，其作用强于多巴胺（ DA ）。Mi-Ran Kim 从款冬花中分离出黄酮类成分，其具有显著的抗氧化活性[13]。另外，款冬花粗多糖对人白血病细胞 K562 有凋亡诱导作用[14]。张明发等总结了国内外款冬花药理毒理研究的概况，为款冬花安全评价提供了借鉴[15]。

款冬花作为临床上最常用的中药，用量很大，是许多中成药的原料药。由于目前其确切的有效部位还不清楚，难以建立合理的质量评价指标。

1.1.3　栽培研究进展

款冬花的栽培技术、质量标准评价、药理药效以及新药开发都有零星报道。河北安国对款冬花的人工栽培技术从选地、栽种、施肥、田间管理、病虫害防治到采收加工等作了报道[16]；吉林通化也对款冬花的栽培作了报道[16]。陈兴福等对重庆款冬花的栽培做了土壤研究，测定了土壤中的 N、P、K 和有机质含量[17]，可以作为款冬花栽培产地适应性的参考；郭玫等对甘肃产款冬花栽培品与野生品做了质量比较[18]；Tunali B 等首次发现款冬花的

Coleosporium tussilaginis 真菌[19]；Tarutina 等描述了款冬花的分布、形态、形成特征[20]。但对款冬花的栽培研究报道多是一些经验总结，未见系统的款冬花科学栽培研究。鉴于此，为了指导款冬花产业化生产，应加强款冬花种源、产地生态环境、栽培技术与款冬花产量-品质关系的系统研究和加工贮藏方法对款冬花品质的影响等研究。

综上所述，国内外款冬花的研究主要集中在成分与药理方面，有少部分栽培方面的研究，这些报道对我们进行款冬花的规范化种植和质量标准的制订有借鉴作用。

1.2 款冬花研究存在的问题

1. 款冬花缺乏规范化的栽培模式，质量参差不齐

款冬花（*Flos farfara*）为菊科植物款冬（*Tussilago farfara* L.）的干燥未开放花蕾，为常用的止咳平喘药，主要栽培于四川、陕西、山西、湖北、河南及重庆市城口、巫溪等地，野生主产于甘肃、山西、宁夏、新疆、陕西、内蒙古。

通过款冬花的查新检索、手检文献和上网检索，发现对款冬花的栽培研究多是一些经验总结，未见系统的科学栽培研究报道。河北安国、山西广灵县、吉林通化等地虽有款冬花人工栽培的零星报道[1]，但缺乏规范性和系统性。实地调查发现，款冬花的生产仍是以野生、零星的农户种植为主，栽培技术为传统的经验栽培方法，加工方式落后，技术含量低，这些都制约了款冬花的产业化、规模化发展，影响了中药生产与国际标准的接轨，也影响了款冬花的药材质量和临床疗效。因此，开展款冬花种源、产地生态环境、栽培技术与款冬花产量、品质关系的研究和加工贮藏方法对款冬花品质影响等的研究，制订规范的款冬花栽培标准，提高款冬花的产量与质量，保证临床用药安全有效，有重要的现实意义和科学意义。

2. 目前款冬花药材缺乏科学的质量标准，制约了发展

目前对款冬花质量标准的研究大多停留在药材性状鉴别上。款冬花作为多组分复杂体系，其化学成分众多，加上药材品种、产地、加工、贮藏等因素的影响，其质量控制一直是款冬花研究的重点和难点。法定标准《中华人民共和国药典》（2010 年版）上也只是规定了用款冬花的性状来控制其质量[2]，

没有规定检查方法，没有化学成分的鉴别方法，更没有指纹图谱鉴别，无法从化学组分的内在因素上鉴定款冬花，控制其质量。

建立款冬花质量标准可填补款冬花研究的空白，大大提高款冬花的质量控制水平，使款冬花的研究与国际接轨。对款冬花质量标准的建立，可以全面分析产品与质量的相关性，确立全新的款冬花内在质量控制标准。

1.3　款冬花栽培研究的条件

（1）款冬花为重庆著名的道地药材，栽培历史悠久，款冬花规范化种植研究有利于促进重庆道地药材和产地的经济发展。

重庆地区中药资源丰富，药用植物有 5 000 多种，其中，中草药、民族药占了很大的比例。重庆市巫溪县是我国道地中药材的主产区之一，素有"药材之乡"的美称，常见大宗品种有党参、款冬花、牛膝、佛手、黄连、大黄、云木香、桔梗、何首乌等，野生品种众多，但是现在面临对野生药材过度挖采，药材资源逐渐减少，人工种植药材发展不稳定、质量堪忧的局面。

巫溪山高林密，雨量充沛，气候温和，药材生长环境得天独厚，《山海经》载："有灵山者，十巫从此升降，百药爰在"。在古代，巫溪是名巫云集采药的地方，黄连、杜仲等名贵药材见于《神农本草经》。晚清及民国时期，家种黄连、党参初具规模。新中国成立后，政府既鼓励农民采挖野生药材，又采取多种措施开展家种试验和引种栽培，中药产业发展迅速。巫溪款冬花栽培于 20 世纪 60 年代开始，已有 40 多年的栽培历史，不仅产量大，而且质量优。1958 年 10 月，巫溪在全国商业系统红旗评比竞赛中，独获全国药材生产红旗，并于 12 月派代表出席全国农业社会主义建设先进单位代表会议，荣获国务院授予的"农业社会主义建设先进单位"奖状。因此，在巫溪开展款冬花的栽培研究有广泛的群众基础、丰富的栽培经验和良好的实验场地。

（2）当地政府和企业的支持，重庆市中药研究院的通力合作，为研究的实施提供了保障。

对款冬花规范化种植和质量标准的研究首先得到了万德光教授的悉心指导，她给我的研究指明了方向。重庆市中药研究院的科研人员与我共同参与了本项研究并做了大量的工作，为本项研究提供了相应的条件。另外，巫溪县政府、巫溪远帆医药有限公司也在人力、资金、试验土地上给予了大力支持；多方的大力支持，良好的合作氛围，使得本研究能顺利完成。

1.4 研究项目的提出

款冬花是常用的大宗药材，开展款冬花规范化种植和质量标准研究对中药的产业化发展有重要意义。2004 年，项目研究者开始与中药研究院合作，主持开展对巫溪款冬花的质量标准与规范化种植（GAP）的研究，取得了明显的研究成果。款冬花的栽培面积与产量大大增加，为当地的脱贫做出了贡献。但由于质量标准的欠缺，重庆特产药材的优势无法突显，与外地款冬花相比竞争力不足，成为目前制约款冬花发展的瓶颈。因此，建立 HPLC 标准指纹图谱、科学的评价质量，成为款冬花研究的当务之急。

2　本草考证与历史使用情况研究

　　款冬花为"古今方用温肺治嗽之最"，在历代本草中大多有记载。现代的文献资料中仅对古代本草的记载有零星的描述，没有发现对款冬花系统的本草学研究，为了弄清其历史使用及变异情况，本书从名称、产地、品种使用、药物性效等方面对款冬花做了考证研究。

2.1　款冬花名称考证

　　款冬之名最早的记载出现在《楚辞》中，《楚辞》株昭中有："款冬而生兮，凋彼叶柯。"李时珍释名曰："款冬生于草冰之中，则颗冻之，名以此而得。后人讹为款冬，乃款冻尔。款者至也，至冬而花也。"[3]寇宗奭曰："百草中，惟此罔顾冰雪，最先春也，故世谓之钻冻。"

　　我国历代本草对款冬花均有记载，收集古代本草的名称，同物异名者有22种，详见表 2.1。

表 2.1　历代本草对款冬花名称的记载

异名	记载文献	异名	记载文献
款冬	楚辞	氐冬	新修本草
菟奚	尔雅	款冬花	本草拾遗
菟爰	尔雅	虎发	千金翼方
颗冻	尔雅	款花	疮疡经验全书
橐吾	本经	冬花	万氏家抄方
橐石	本经	钻冻	本草衍义
颗冬	本经	八角乌	植物名实图考

续表 2.1

异名	记载文献	异名	记载文献
虎须	本经	看灯花	本草崇原集说
苦萃	广雅	艾冬花	山西中药志
款冻	广雅	九九花	中药志
蜂斗菜	图经本草	连三朵	中药鉴定学
水斗叶	图经本草	九尽草	青海植物志

2.2　同物异名原因分析

款冬花的名称主要根据其生长的生物学特征与生态环境而来。① 由于款冬花的花生于根茎上，迎冰雪而开放，故有款冬、冬花、颗冻、颗冬、钻冻等名字。看灯花为元宵节看灯时节，款冬花最盛之意。② 与款冬相似的植物名称，误以为款冬，如《本经》中的橐吾，《新修本草》《图经本草》中的蜂斗菜、水斗叶等，说明古代款冬有与橐吾、蜂斗菜混用的情况。③ 由于古书中的错字或通假字，如《本经》的橐吾误为橐石、颗冻误为颗东、菟奚误为菟爰、虎须误为虎发等。④ 近代多根据款冬的药材性状来称之，如九九花、连三朵、九尽草等。

2.3　款冬产地考证

《本经》中记载款冬生山谷[4]。晋代傅咸曾写有《款冬赋序》："予曾逐禽，登于北山，于是仲冬十一月，冰凌盈谷，积雪被崖，顾见款冬炜然，始敷华艳是也。"因傅咸为陕西耀县人，"北山"应为陕西一带的某处山岭。

司马相如的《凡将篇》曰："乌啄桔梗芫华，款冬贝母木蘖蒌，芩草芍药桂漏芦，蜚廉雚菌荈诧，白敛白芷菖蒲，芒消莞椒茱萸。"这首全药材的诗，句中尽管没有详细的描述款冬，但这些大都是西南一带的药材，而司马相如住在四川宜宾，从而可知款冬当时的产地在四川。

《范子计然》曰："款冬花出三辅。"两汉以长安为中心，外环为三辅，说明汉代款冬花主产陕西。

南北朝时梁国陶弘景曰："第一出河北，其形如宿莼，未舒者佳，其腹里有丝。次出高丽百济，其花乃似大菊花。次亦出蜀北部宕昌，而并不如。"[5] 按：常山（今河北石家庄一带）山谷及上党（今山西省的东南部长治、晋城一带），高丽百济（今韩国全境），河北（今河北省大名县东），蜀北部宕昌（今甘肃宕昌一带），雍州南山（陕西、青海交界一带），华州（今陕西渭南、华县、华阴、潼关一带）。陶弘景对款冬的产地描述也很清楚，与今天的产地符合。

《新修本草》注云："今出雍州南山溪及华州，山谷涧间。"三国开始有雍州的正式行政区域划分，辖区包括现在的陕西中部、甘肃东南部。

《图经本草》说："关中亦有之。"[6]

款冬古今产地分析：款冬广布，唐以前以我国陕西、甘肃、山西、河北为主产地，我国东北及朝鲜、韩国亦有出产。川、渝虽无明确的记载，但历史上司马相如把冬花与西南药材相提并论，证明当时冬花在川、渝亦有。陕、甘、渝交界处的重庆巫溪县，属于古代的冬花出产区域。宋代《证类本草》载有晋州款冬花、潞州款冬花、雍州款冬花、秦州款冬花四种，基本概括了当时的主产地；《图经本草》把产地扩大到关中（今东北），与今天的产地相符。

2.4　款冬花的品种考证

历代本草大多记载有款冬，《本经》上有橐吾之异名。陶弘景对冬花的描述颇为细致，记载了款冬的生态与产地。《图经本草》曰："今关中亦有之。根紫色，叶似葵。十二月开黄花，青紫萼，去土一二寸，初出如菊花萼，通直而肥实无子。则陶氏所谓出高丽百济者，近此类也。"[6]详细描述了款冬花的植物特征。查《证类本草》载有晋州款冬花、潞州款冬花、雍州款冬花、秦州款冬花四种图片[7]，其中潞州款冬花、秦州款冬花为采收时节的植物图，其头状花序生根茎上，多个成簇状，花的总苞片 1～2 层，且花茎细小，叶心型，应是菊科款冬（*Tussilago farfara* L.）无疑。而雍州款冬花花茎先于叶生，花茎较长，总苞片多而长大，且花茎粗大，应为菊科蜂斗菜 *Petasites japonicus* (Sieb. et Zucc.) F. Schmidt，《图经本草》曰："又有红花者，叶如荷而斗直，大者容一升，小者容数合，俗呼为蜂斗叶，又名水斗叶。则苏氏所谓大如葵而丛生者，是也。"与蜂斗菜的叶子大的直径 30 cm，小的 8～12 cm，雌花白色、雄花黄色或紫色相符。药材性状描述较仔细的《本草原始》上说"黄花者，紫者，花腹中有丝次。"并非指有不同的款冬品种，紫花者怀疑是蜂斗菜[8]。《证类本草》的晋州款冬花叶基生，微抱茎，无叶柄，与款冬有长叶柄不符，其品种值得进一步考证。

《图经本草》所载"根紫色，茎青紫，叶似草"[6]，疑为橐吾属植物。因款冬新鲜根茎白色，十分醒目；植物以叶为主，茎被叶掩藏，仅冬季采花时茎才明显。古代本草多次以别名形式提到橐吾，说明当时有橐吾与款冬相混的情况。

《本草纲目》仅有潞州款冬花、秦州款冬花，其图片虽然粗糙，但大体与款冬相近。李时珍去掉了雍州款冬花和晋州款冬花，说明他对这两种款冬有怀疑。《本草衍义》指出："春时人或采以代蔬，入药须微见花者良。如已芬芳，则都无力也。今人又多使如箸头者，恐未有花尔。"此规定了款冬以花蕾入药，开放后则药效减弱；并指出当时有以花梗参入的情况。另外，还提出款冬可以当作蔬菜，说明款冬的安全性。

结论：

（1）古代所用的主流款冬与今人所用一致，为菊科植物款冬的花蕾。

（2）雍州款冬花从文字描述到本草植物图片为蜂斗菜，当时混作款冬花，应视为伪品。

（3）根紫色者，疑是橐吾属植物相混。

（4）古人用款冬叶代蔬菜，证明款冬的安全性。

另外，还有款冬花花梗作为掺伪的情况。

附：《证类本草》图与原植物图比较（图2.1、图2.2、图2.3）

秦州款冬花

（a）

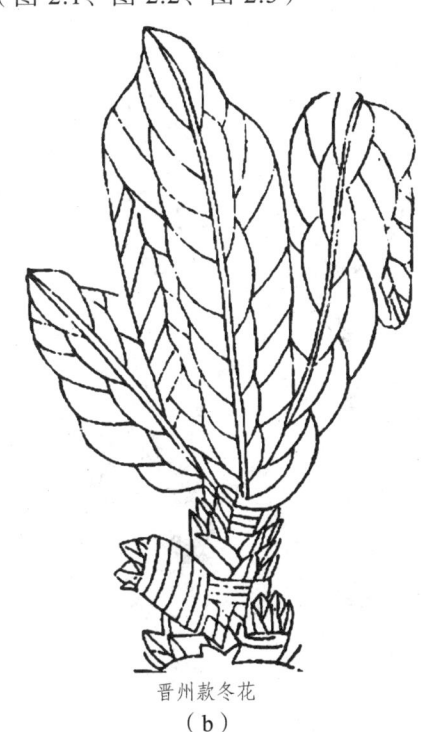

晋州款冬花

（b）

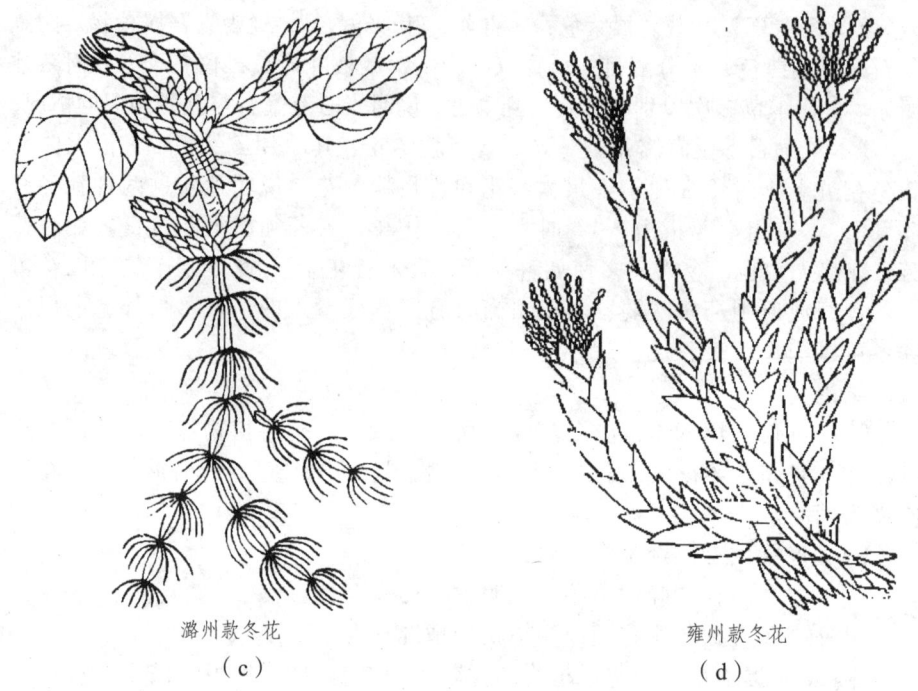

潍州款冬花 　　　　　　　　　雍州款冬花
（c）　　　　　　　　　　　（d）

图2.1 《证类本草》款冬原植物图

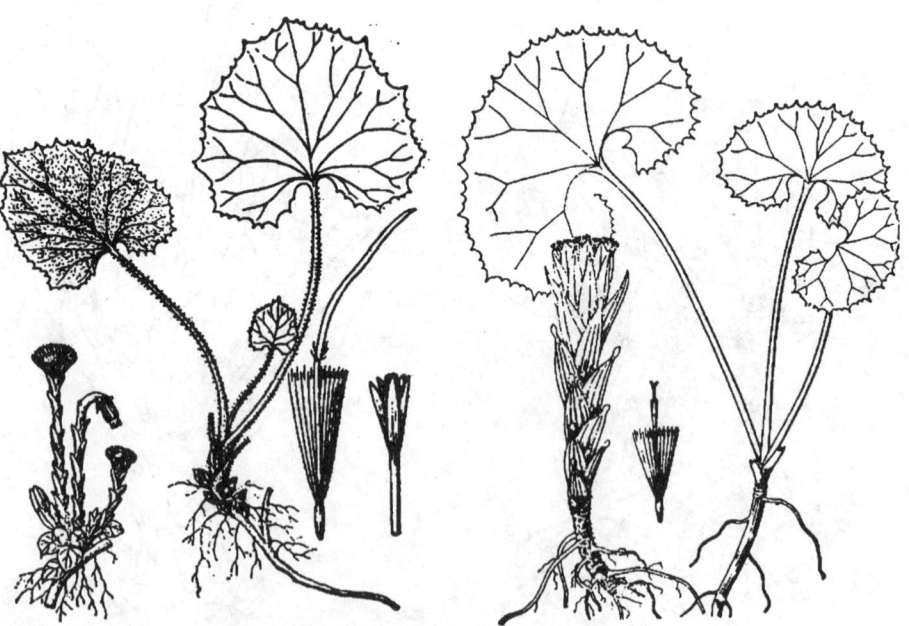

图2.2 《高等植物图鉴》款冬植物图　　图2.3 《高等植物图鉴》蜂斗菜植物图

2.5　款冬花性效考证

2.5.1　款冬性味记载

款冬在历代本草中大多有记载,《本经》记载其味辛温[4];《本草经集注》增加"甘味";《新修本草》增加"无毒";王好古记载"气温、味甘辛、纯阳无毒,归手太阴经"[9]。刘若金云:"杏仁为之使,得紫菀良。[10]"《本草汇言》云:"阴中有阳,降也"[11]。

2.5.2　款冬功效记载

自古款冬花为治疗咳嗽的首选药物,李时珍引用苏颂所言曰:"款冬:古今方用温肺治嗽之最。"

《本经》记载:"中品,主治咳逆上气,善喘,喉痹,诸惊痫,寒热邪气。"[2]《本草经集注》记载款冬性味"甘,无毒,配伍杏仁为使。得紫菀良。恶皂荚、消石、玄参。畏贝母、辛夷、麻黄、黄芩、黄连、黄耆、青葙。"首次以配伍的方式出现在本草中。《名医别录》记载:消渴,喘息呼吸。《药性论》记载:"疗肺气心促急,热乏劳咳,连连不绝,涕唾稠黏,肺痿肺痈,吐脓血。"《大明本草》记载:"润心肺,益五脏,除烦消痰,洗肝明目及中风等疾。"

《本草纲目》对款冬花的用法作了详细的记载:"疗嗽薰法:每旦取款冬花如鸡子许,少蜜拌花使润,内一升铁铛中,又用一瓦碗钻一孔,内安一小竹筒,笔管亦得,其筒稍长,作碗铛相合,及插筒处皆面泥,之勿令漏气。铛下着炭,少时,款冬烟自从筒出,则口含筒吸取烟咽之。如胸中少闷,须举头,即将指头捻筒头,勿使漏烟气,吸烟使尽。凡如是,五日一为之。待至六日则饱食羊肉一顿,永差。"[3]古人用冬花做烟熏疗法,强调效果极佳,与今日用法有差异,可做药理学研究。

2.6　讨　论

款冬花为古代治疗咳嗽的首选药物,为"古今方用温肺治嗽之最"。与紫苑配伍，止咳化痰，相须为用。本草对款冬的性味、归经、毒性、疗效、用法记载准确翔实，临床一直沿用至今。

古人记载款冬"疗嗽薰法"，与现代的使用方法有别，可做药理学研究，探讨款冬花的药动学过程。

古代款冬的同物异名多达 22 种，大多以其生物学特征与生态环境而得名，对款冬的记载准确翔实；另外，也有部分通假字，要注意区别。

款冬的产地古今相同，以我国陕西、甘肃、山西、河北为主，川、渝、东北、华北及朝鲜半岛亦有记载，重庆市巫溪县与古代款冬产地相符，为传统道地药材产地。

《证类本草》上的雍州款冬花[7]，从文字描述到绘图，与蜂斗菜相同，雍州款冬花应是菊科植物蜂斗菜 *Petasites japonicus*（Sieb. et Zucc.）F. Schmidt，说明宋代有蜂斗菜混作款冬的情况。除蜂斗菜外，橐吾属（*Ligularia* Cass.）植物亦有混作款冬使用的情况，当时还有款冬花花梗掺伪的情况。

除本草记载外，古代文人对款冬的描述、赞美之词较多，《楚辞》[13]、《尔雅》、《广雅》等均有记载，西汉司马相如、晋代傅咸、唐代张籍等的诗词中均有提及，说明款冬自古为民众熟悉的花草与药用植物，也反映出款冬为常用药材和广布植物。

3　款冬植物学、药材性状及组织显微学研究

　　植物学、药材性状及组织显微学研究是款冬花药材研究的基础部分。由于款冬植物来源单一、基源准确、分布广泛，有报道在长白山北坡发现野生款冬[14]，混同品很少。对款冬的植物描述多见于文献和研究报道，故本书仅作一般性描述报道。款冬花的药材性状描述在文献和研究报道中也多有提及，本书主要比较不同产地的药材性状，比较栽培与野生品的区别。

　　对款冬花的组织显微学研究虽有零星报道，但大多不系统。本书利用植物制片技术和数码显微技术，全面阐述了款冬花根、根茎、叶片、叶柄、花萼、花冠、花柱、花粉粒的组织学研究结果，其中：根、根茎、叶片、叶柄、柱头的显微特征未见有报道。本书还提出了款冬花与蜂斗菜、橐吾等的显微鉴别要点。

3.1　款冬植物学研究

　　款冬（*Tussilago farfara* L.）为菊科千里光族（*Senecioneae*）款冬亚族（*Tussilagininae*）款冬属植物，全属仅 1 种，广布于欧亚温带地区；产于我国东北、华北、华东、西北和湖北、江西、贵州、云南、西藏。印度、伊朗、巴基斯坦、俄罗斯、西欧和北非也有分布。

　　重庆巫溪县款冬的资源调查表明：巫溪县主要分布在以红池坝、大官山、猫儿背林场、白果林场为轴心的 37 个乡（镇）。红池坝片区含尖山、龙台、文峰等 14 个乡（镇）1.2 万亩（1 亩 = 666.7 m^2），猫儿背片区含中梁、乌龙、易溪等 13 个乡（镇）1.4 万亩，大官山片区含大河、宁厂等 6 个乡（镇）0.8 万亩，白果林场含双阳、兰英等 4 个乡（镇）0.6 万亩。近几年，县政府通过

强制推行封育轮采措施,使野生款冬花得到了合理开采和有效保护,野生款冬花产量年年递增,仅 2004 年野生款冬花产量便达到 2.5 万千克,创巫溪野生款冬花产量历史最高水平。

3.1.1　款冬植物形态

　　款冬为多年生草本,株高 10~25 cm;根状茎细长,横走,白色;叶基生,具长柄,柄长 8~20 cm,叶片阔心形或近卵形,长 7~15 cm,宽 8~16 cm,先端钝或近圆形,边缘具有波状疏锯齿,齿间具有疏小锯齿;叶面暗绿色,光滑无毛,叶背密生白色茸毛,叶脉紫色,掌状网脉,主脉 5~9 条;早春花叶抽出数个花葶,高 5~10 cm,密被白色茸毛,有鳞片具互生鳞状,互生的苞叶,苞叶淡紫色;头状花序单一顶生,直径 2.5~3 cm,初时直立,花后下垂;总苞 1~2 层,总苞钟状,结果时长 15~18 mm,总苞片线形,顶端钝,常带紫色,被白色柔毛及脱毛,有时有黑色腺毛;边缘有多层雌性舌状花,黄色,子房下位;柱头 2 裂;中央为少数管状花,两性,花冠顶端 5 裂;花药基部尾状;柱头头状,通常不结实。瘦果椭圆形,长 3~4 mm,有明显纵棱 5~10 条,冠毛白色,长 10~15 mm。后生出基生叶 10 余片,阔心形,具长叶柄,叶片长 3~12 cm,宽 4~14 cm,边缘有波状、顶端增厚的疏齿,掌状网脉,下面密被白色茸毛,叶柄长 5~15 cm,被白色棉毛。花蕾紫色,状如花芽,通常贴近地面生长。花期 2~3 月,果期 4~5 月[15]。

　　附:款冬花植物图片(图 3.1、图 3.2、图 3.3)

图 3.1　款冬原植物

图 3.2　款冬原植物（花期）　　　图 3.3　款冬原植物（采收期）

结论：款冬品种单一，分布广泛，其他植物混作款冬花的情况少见，仅有蜂斗菜的花蕾与之混淆，但蜂斗菜的根状茎与茎同粗或较粗（款冬根茎细长），花雌雄异株，白色，有异形花，可以区别[16]（图 2.3）。

3.1.2　款冬花药材形态

款冬花的形态研究多有报道。本研究主要反映不同产地的款冬花的形状差异、栽培与野生的形状差异。

药材性状：干燥花蕾呈不整齐棍棒状，常 2 ~ 3 个花序连生在一起，长 1 ~ 2.5 cm，直径 6 ~ 10 mm；上端较粗，中部稍丰满，下端渐细或带有短梗。花头外面被有多数鱼鳞状苞片，外表面呈紫红色或淡红色。苞片内表面布满白色絮状毛茸。气清香，味微苦而辛，嚼之显棉絮状，以朵大、色紫红、无花梗者为佳。市场上有掺入白矾、食盐、滑石粉的情况，要注意鉴别[17]。

款冬花家种与野生的区别：家种款冬花较大，呈鲜艳的粉红色、紫红色，均为花蕾，少见开放的花；野生款冬花较小，多为绿紫色，有开放的花序和很小的花蕾，花梗较长。

附：款冬花药材性状图（图 3.4 至图 3.13）

 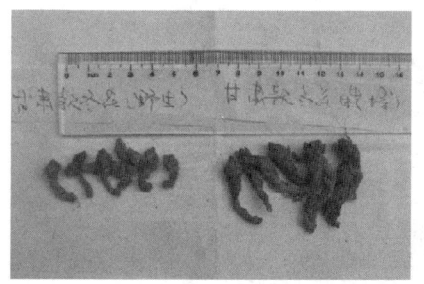

图 3.4　河北款冬花野生与家种药材图　　　图 3.5　甘肃款冬花药材性状图

图 3.6　陕西彬县底店款冬花药材性状图

图 3.7　甘肃款冬花（家种）药材性状图

图 3.8　陕西浦城款冬花药材性状图

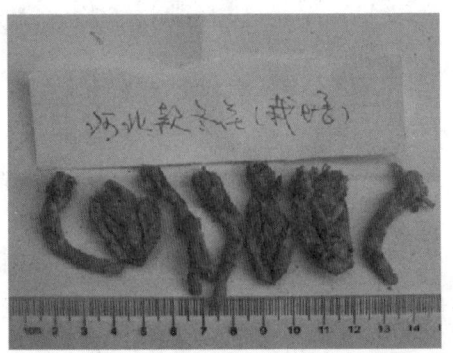

图 3.9　河北款冬花药材性状图

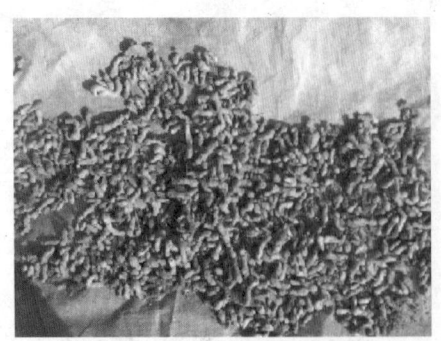

图 3.10　重庆巫溪款冬花鲜品

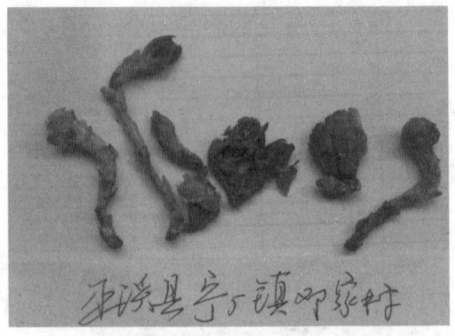

图 3.11　巫溪宁厂镇款冬花药材性状图

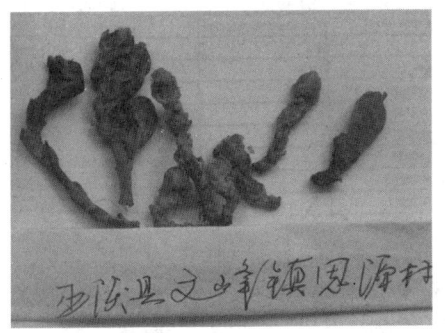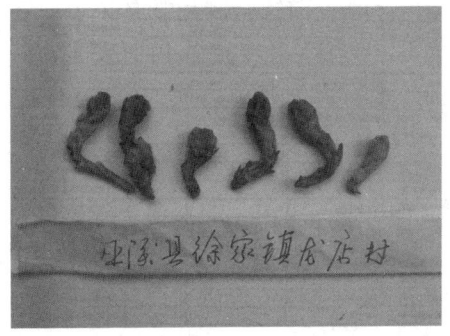

图 3.12　巫溪文峰镇款冬花药材性状图　图 3.13　巫溪徐家镇款冬花药材性状图

3.2　款冬花组织显微学研究

中药材款冬花的组织学研究未见系统的研究报道。为了补充这方面的研究空白，我们做了款冬组织学的系统研究，参考有关植物分类学的报道[18]。研究内容主要有花蕾的组织学特征、叶的组织学特征、根及根茎的组织学特征，主要包括苞片横切、花梗横切、粉末、花冠压片、柱头压片等，还加入了根横切、根茎横切、叶横切、叶上表皮、叶下表皮等没有报道过的部位的研究，旨在全面、细致地对款冬花进行研究。

研究方法：表面制片法、徒手切片法、石蜡切片法、整体封片法、显微照相技术。

仪器：OLYMPUS CX31 光学显微镜。

操作步骤：本研究采用压片法观察款冬花的花冠和柱头，用表面制片法观察叶的表面特征，用石蜡切片法观察花萼、根、根茎的组织特征。

通过实验，基本上得到了各个部分的比较清楚的显微图像。

本研究的主要目的是描述款冬花的组织显微学特征，主要包括：叶上表皮撕片、叶下表皮撕皮、叶横切、苞片横切、根茎横切、根横切、粉末、花冠压片、柱头压片等。现分别将各个组织的显微学特征描绘如下：

3.2.1　叶的组织显微学特征

款冬的叶在宋代作为蔬菜，朝鲜把叶作为清热解毒药[19]。开展款冬叶的研究，对我们综合利用款冬资源、发掘民族药材、寻找新的代用品大有益处。为此，我们对款冬叶片的上表面、下表面、叶横切面做了组织显微学研究（目前还没有发现有此方面的研究报道）。

1. 上表皮

方法：用镊子撕取款冬花上表皮，制成临时装片，置于显微镜下观察。

款冬花上表皮的显微学特征（图 3.14、图 3.15）：细胞排列很紧密，无胞间隙，细胞壁稍有增厚，互相嵌合。表皮细胞形状、大小不规则。表皮细胞中叶绿体较多。气孔总数约占表皮细胞数的 1/10，副卫细胞形状不规则，大小与表皮细胞相当。在细胞之间，还可以看到一些由两个肾形保卫细胞组成的气孔，气孔轴式不定式。保卫细胞长 8 000 ~ 10 000 μm。

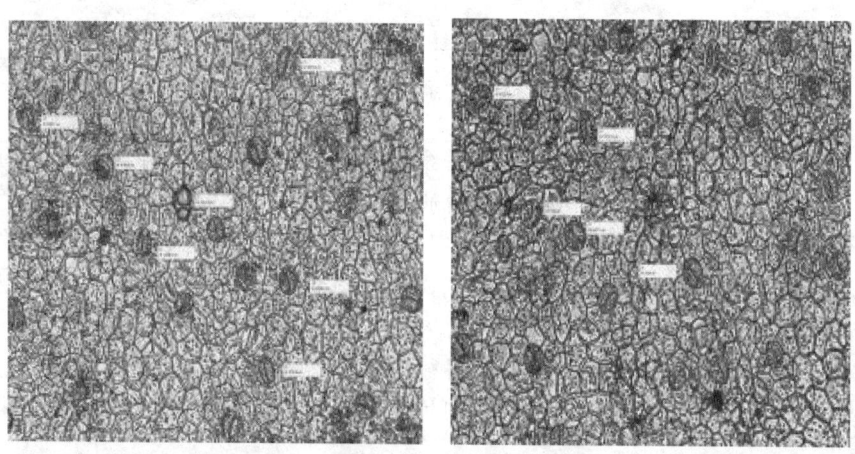

图 3.14　款冬花叶上表皮横切（×250）（示气孔和叶绿粒）

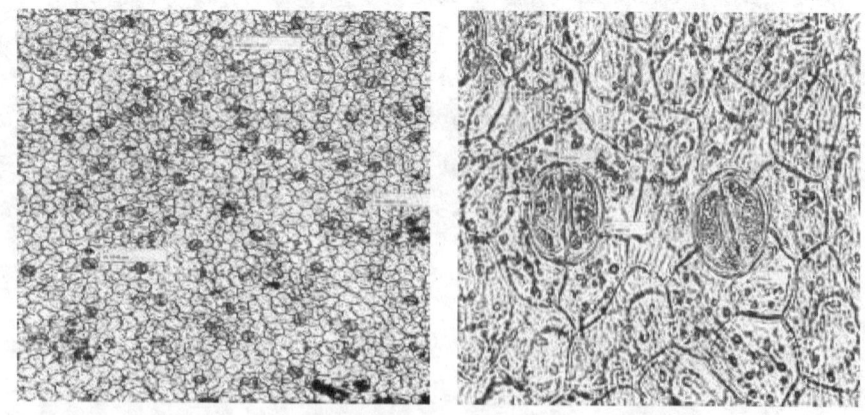

图 3.15　款冬花叶上表皮横切（×400）（示气孔、叶绿粒和角质纹理）

2. 下表皮

方法：用镊子撕取款冬花一小块叶下表皮，置于载玻片上，制成临时装片，置于显微镜下观察。

款冬花叶下表皮的显微学特征（图 3.16、图 3.17）：细胞排列紧密，深度皱缩，无细胞间隙。细胞壁念珠状增厚，细胞相互嵌合。细胞中基本不见叶绿体，大小比上表皮细胞大。细胞之间还有一些由两个肾形保卫细胞组成的气孔，气孔轴式不定式。保卫细胞比上表皮稍长，大小约为表皮细胞的一半。气孔数比上表皮略多，约占表皮细胞总数的 1/8。细胞表面有很多残留的深绿色绒毛。

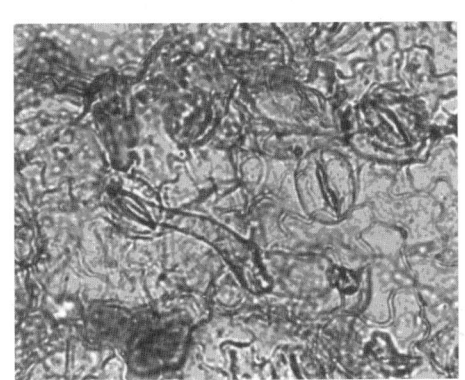 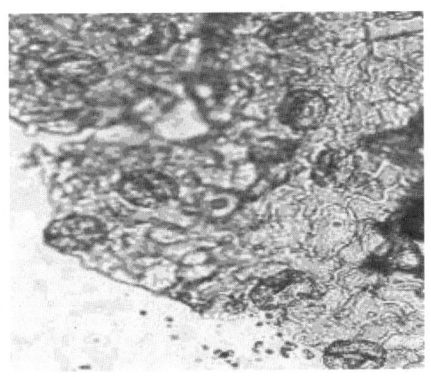

图 3.16　款冬花叶下表皮横切（×400）（示气孔和毛茸）

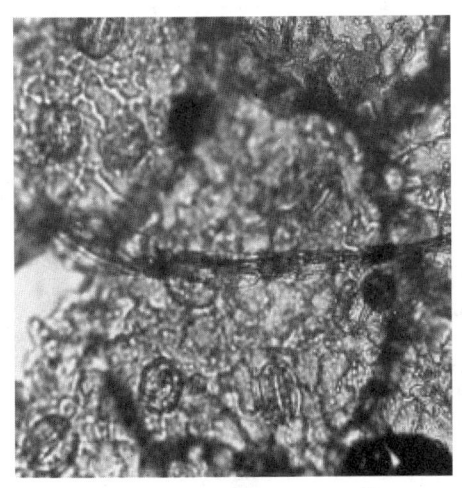 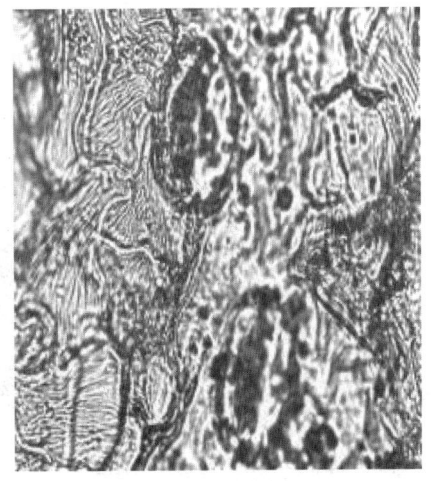

图 3.17　款冬花叶下表皮横切（×400）（示气孔和角质纹理）

3. 叶横切面

方法：将款冬花叶横切，切片置于载玻片上，透化后制成临时装片，置于显微镜下观察。

款冬花叶横切的显微学特征（图3.18、图3.19）：上表皮细胞长方形，下表皮细胞较小，扁平，均被较厚的角质层，有气孔。表皮细胞四周细胞壁均显著增厚，有极长的非腺毛。表皮内1~2列细胞，呈方形，细胞壁亦有增厚。栅栏组织为一层细胞，排列紧密，不过中脉；海绵组织为4~5层排列疏松的薄壁细胞。维管束外韧型，木质部位于主脉的近轴面（靠近上表皮），导管2~4个排列成数行，韧皮部位于木质部下方，较窄，细胞小，形成层明显。木质部的大小约为韧皮部的两倍。主脉上下表皮内侧均有较厚的厚角组织。

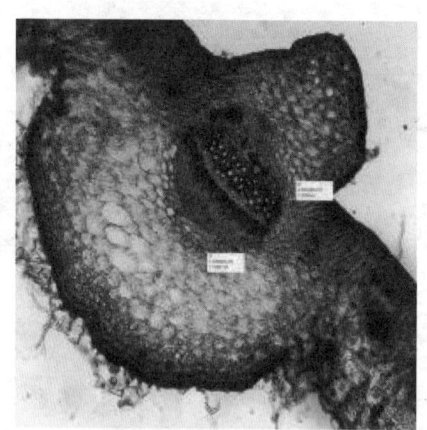
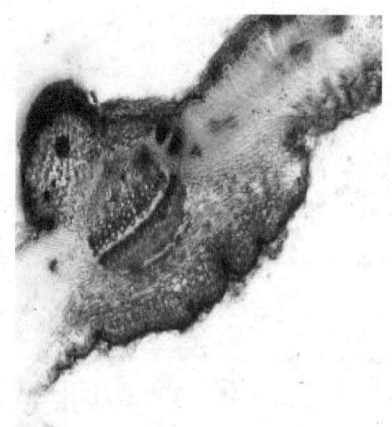

图3.18　款冬花叶横切（×250）（示厚角组织、栅栏组织、海绵组织、木质部、韧皮部）

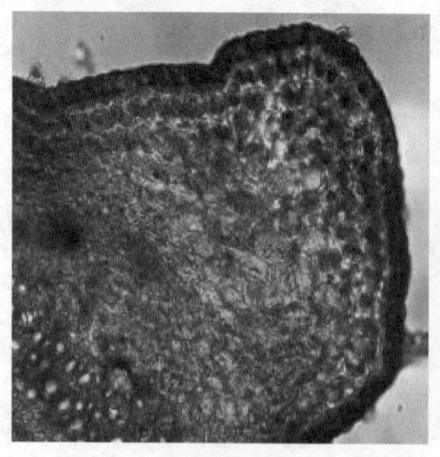
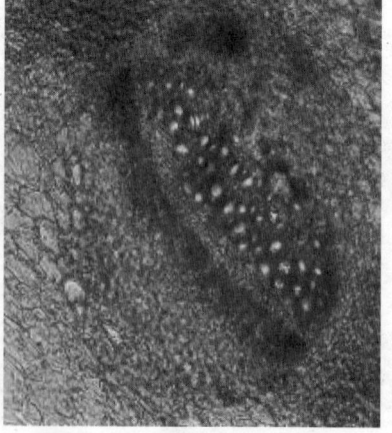

图3.19　款冬花叶横切（×400）（示角质层、木质部、韧皮部）

3.2.2 根及根茎的组织显微学特征

款冬的根与根茎不入药，为栽培的副产品，也是款冬的繁殖材料。开展款冬的根及根茎的组织显微学研究，可以保证款冬栽培种源的质量，为今后药用资源的综合利用打下基础。

1. 根 茎

方法：将款冬花根茎横切，切片置于载玻片上，透化后制成临时装片，置于显微镜下观察。

款冬花根茎的显微学特征（图 3.20）：木栓层为数列木栓细胞，内壁木化增厚；皮层宽广，散有纤维束，可见自髓射线细胞发出的叶迹维管束，叶迹维管束外韧型；维管束无限外韧型，呈环状排列；韧皮部较小，无纤维；形成层呈断续排列的环状，束间形成层不甚明显；木质部细胞均木化，包括导管、木纤维和木薄壁细胞，导管 3～5 个排列成数列；髓部由类圆形薄壁细胞组成，髓部及髓射线明显，髓部半径为整个根茎半径的 1/4～1/3。

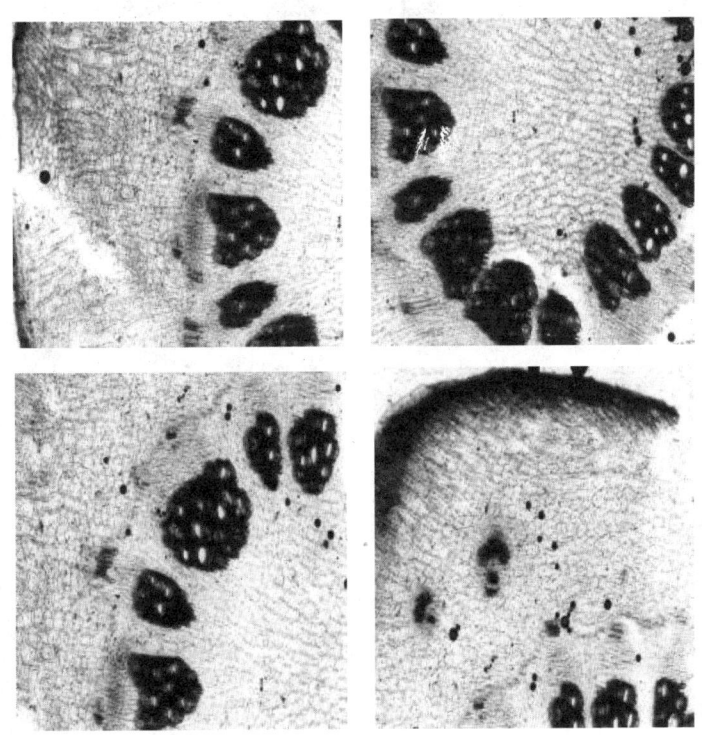

图 3.20 款冬花根茎横切（×400）

2. 根

方法：将款冬花根横切，切片置于载玻片上，透化后制成临时装片，置于显微镜下观察。

款冬花根的显微学特征（图 3.21、图 3.22）：最外层周皮为 8～10 层木栓细胞，细胞壁显著增厚，栓内层为 2～3 层薄壁细胞；皮层为多数薄壁细胞，占整个根部的 3/4，皮层薄壁细胞形状不规则，多有间隙。韧皮部外侧有多数石细胞和纤维；维管束无限外韧型，韧皮部为 2～3 层薄壁细胞，木质部导管大而明显，木质部直径约占整个直径的 1/4；无髓。

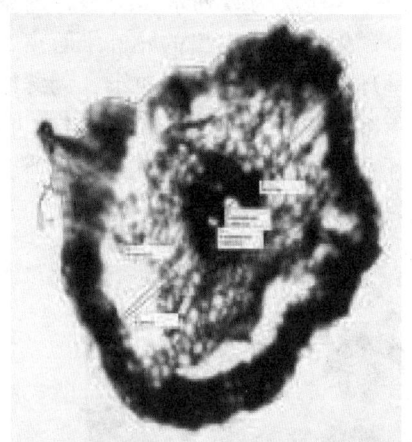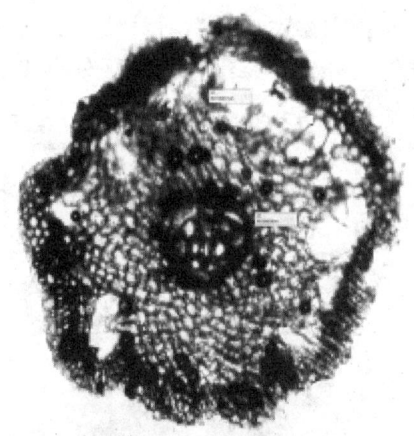

图 3.21　款冬花根横切（×125）

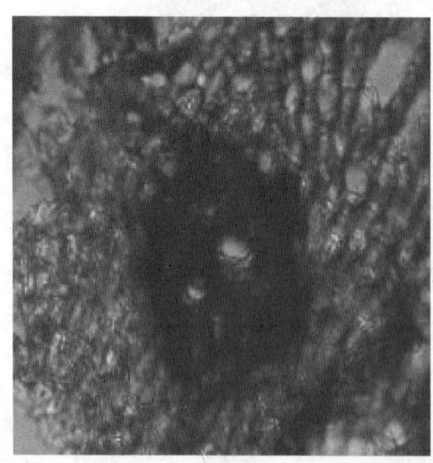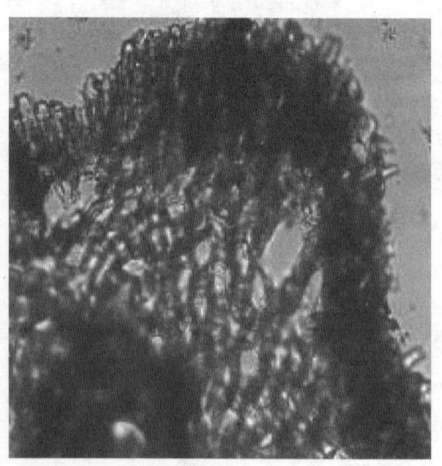

图 3.22　款冬花根横切（×400）

3.2.3 花梗及苞片的组织显微学特征

1. 花 梗

方法：将款冬花花梗横切，取较薄的切片置于载玻片上，透化后制成临时装片，置于显微镜下观察。

款冬花花梗的显微学特征（图 3.23）：表皮细胞近方形，角质层较厚且不平整。皮层由 17~19 列类圆形细胞组成，细胞向内渐次增大，细胞间隙明显，其中分散有含菊糖及棕色物质的薄壁细胞。内皮层明显，维管束环列，其外方有一较大的分泌道，此分泌道与韧皮部之间及木质部中常有一小束或成片的厚壁细胞。髓部全为薄壁细胞，其中不少细胞内也含棕色物质。

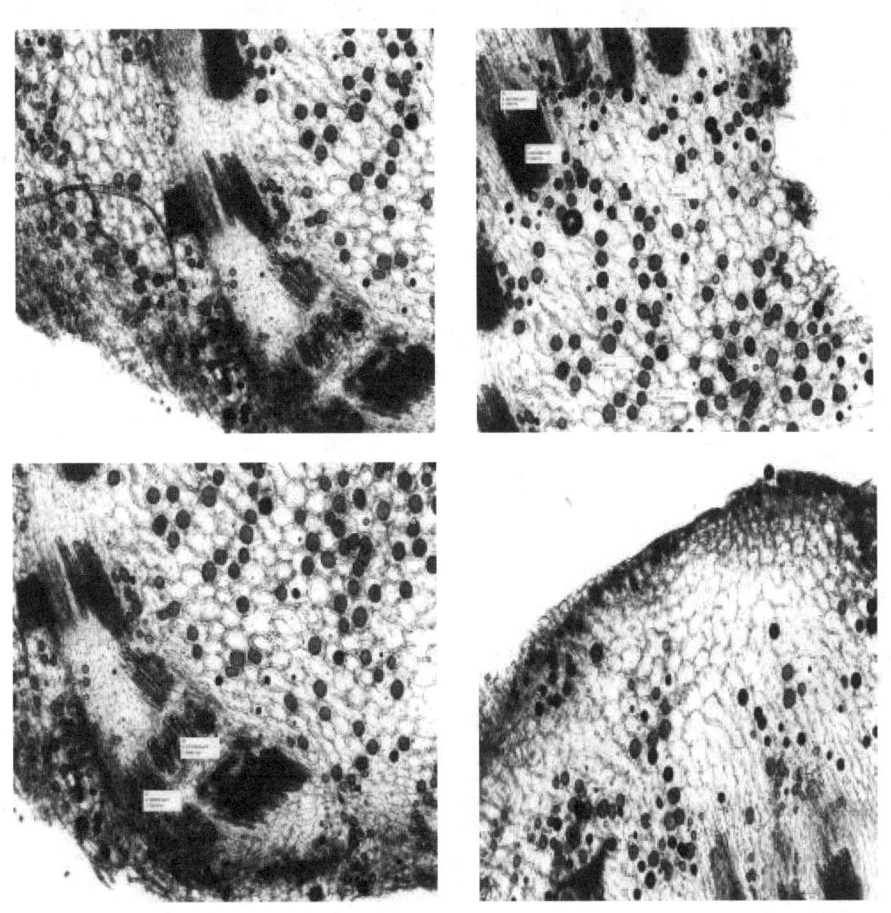

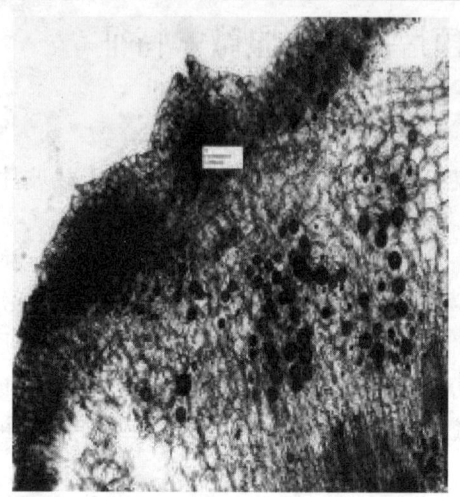

图 3.23　款冬花花梗横切（×400）

2. 苞　片

方法：将款冬花苞片横切，取较薄的切片置于载玻片上，透化后制成临时装片，置于显微镜下观察。

款冬花苞片的显微学特征（图 3.24、图 3.25）：角质层较厚，不甚平整。上表皮细胞类圆形，其中偶有含棕色物质者；其下方为 1 列排列整齐的圆形薄壁细胞。由此至下，表皮全为薄壁细胞，10 余列，类圆形，渐次增大，内含物稀少。维管束的韧皮部及木质部均明显；维管束的上方有大型的分泌道。下表皮层细胞形状同上表皮层细胞，但略呈切向延长。

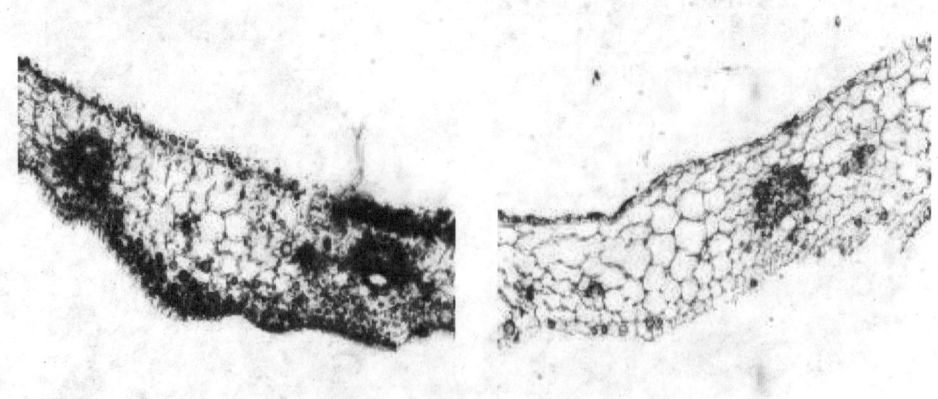

图 3.24　款冬花苞片横切（×250）

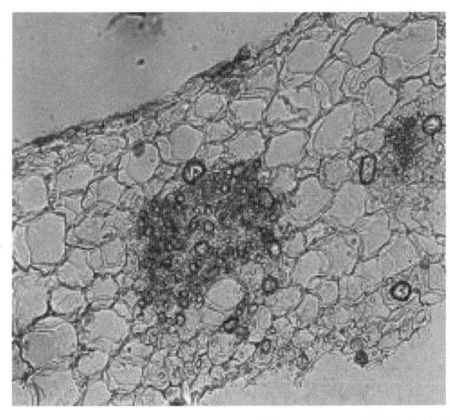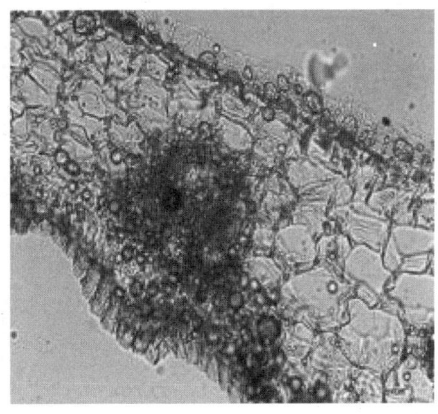

图 3.25　款冬花苞片横切（×400）

3.2.4　花的组织显微学特征

1. 管状花

方法：用镊子从款冬花的头状花序中取下一朵管状花，用压片法装片后，置于显微镜下观察。

款冬花管状花显微学特征（图 3.26 至图 3.29）：管状花花冠 8 瓣，花冠表面表皮细胞长圆形，有细密的角质层纹理；花冠内侧边缘细胞类长方形，内部细胞长椭圆形。其上面紧贴花粉囊，4 列排列紧密的花粉粒清晰可见。花粉囊内壁细胞的两端各有一个黄色的亮点。花冠冠毛多列性，分枝状。

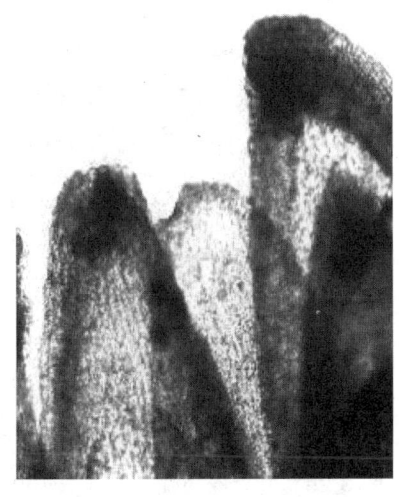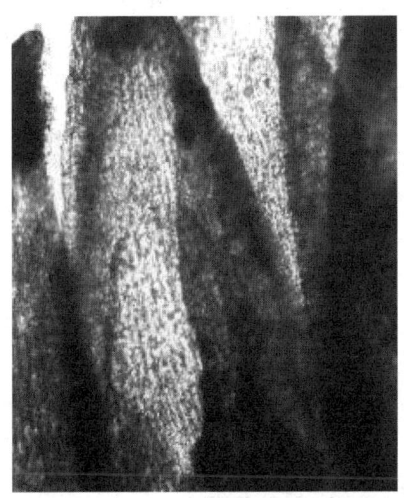

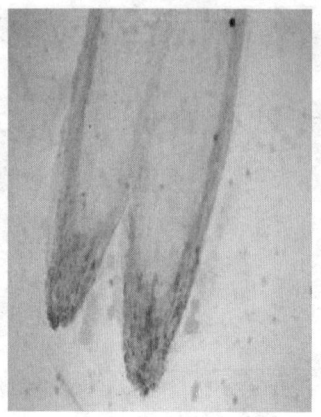

图 3.26 管状花压片（×125）

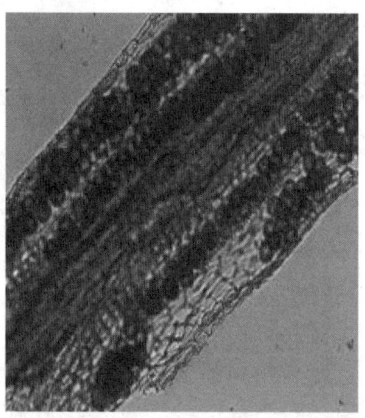

图 3.27 管状花压片（×400）

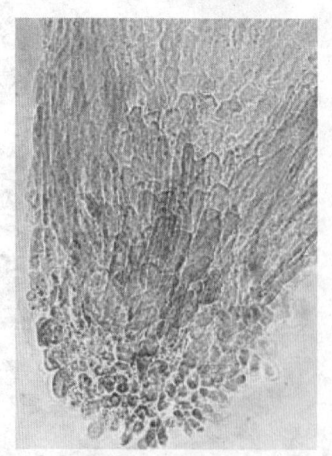

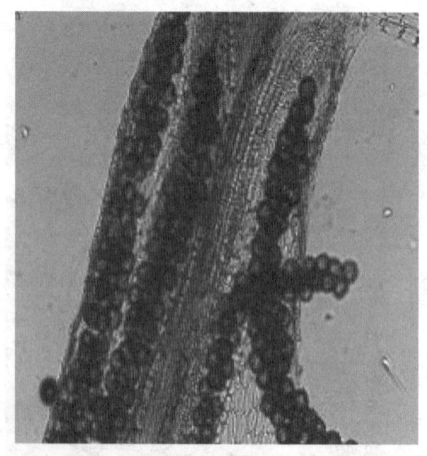

图 3.28 管状花外侧压片（×400）   图 3.29 管状花内侧压片（×400）

2. 舌状花

方法：用镊子从款冬花的头状花序中取下一朵舌状花，用压片法装片后，置于显微镜下观察。

款冬花舌状花显微学特征（图3.10、图3.31）：舌状花花冠表皮细胞呈细长椭圆形，有细密的角质层纹理；舌状花花冠长约为管状花花冠长的2倍；子房下位。

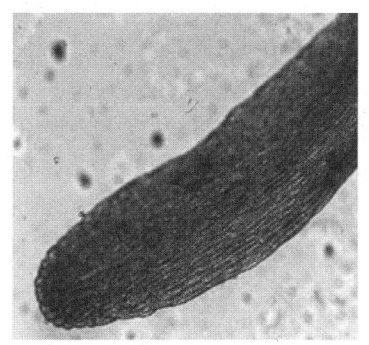

图 3.30 舌状花压片（×125）　　　图 3.31 舌状花压片（×250）

3. 柱　头

方法：用镊子从款冬花的头状花序中取下一朵管状花，用解剖针分离出款冬花的柱头，用压片法装片后，置于显微镜下观察。

款冬花柱头显微学特征（图3.32）：柱头为二歧分枝状，花柱表面连续无沟；表皮细胞分化成短绒毛状，分布在柱头顶端的周围，下端无毛（与囊吾属毛一直下延到花柱分枝下部相区别），柱头分枝顶端钝圆（与蜂斗菜和囊吾的渐尖相区别）。

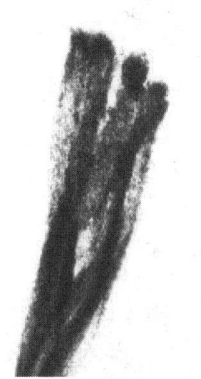

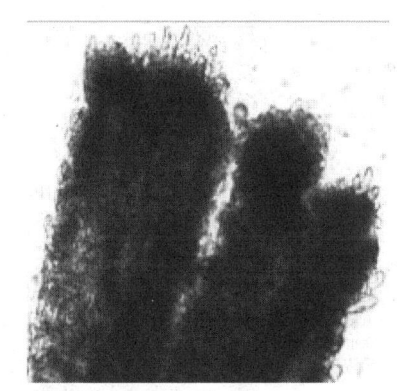

图 3.32 款冬花柱头（×400）

3.2.5　粉末的显微学特征

方法：取款冬花药材，用万能粉碎机将其粉碎，过筛。在载玻片上滴一滴水，用解剖针挑取少许粉末，加水合氯醛透化后，置于显微镜下观察。

款冬花粉末显微特征（图 3.33）：非腺毛较多，极长，顶端细胞特长，扭曲盘绕成团；花粉粒丛多（形态另述）；腺毛全体略呈棒槌形，头部略膨大呈椭圆形，有 4~6 个细胞，柄部多细胞，两列；管状花冠表皮细胞长圆形，有细密的角质层纹理；苞片表面细胞呈长方形或多角形，垂周壁薄或呈连珠状增厚，具细波状角质纹理；柱头表皮细胞分化成短绒毛状，先端钝圆；花冠冠毛多列性，分枝状；花粉囊内壁细胞较多，每个细胞两端都有一个亮黄色的小点；花冠、雄蕊、子房的碎片很多，雄蕊顶端一分为二。

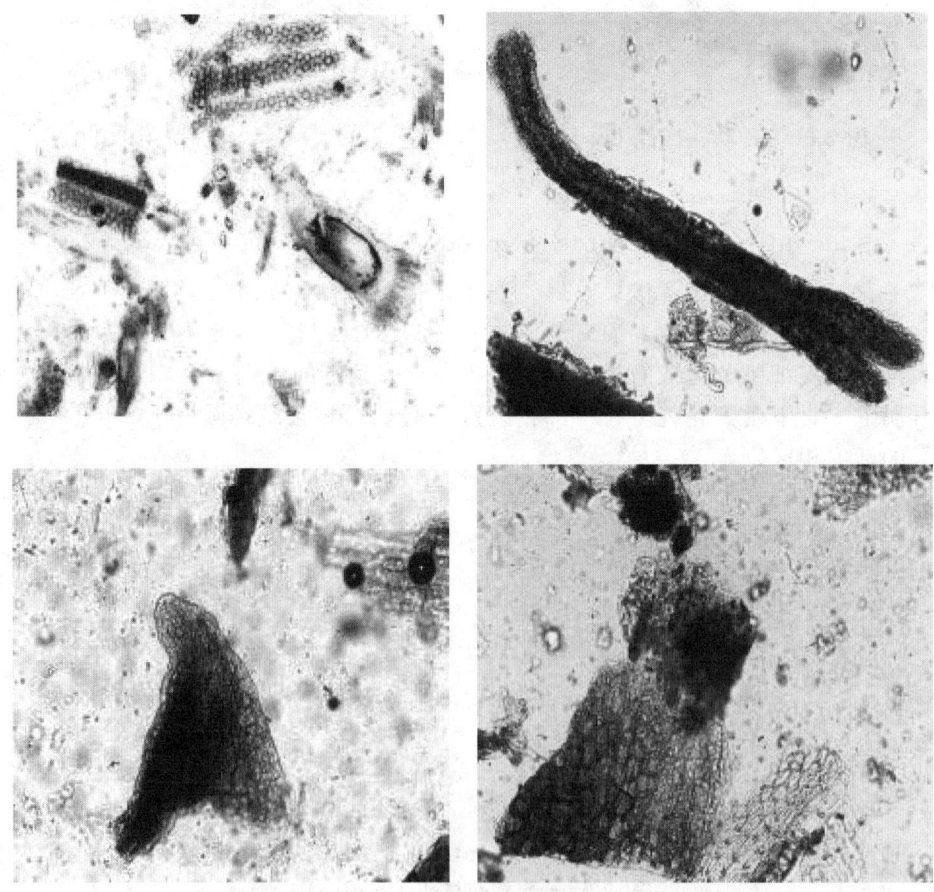

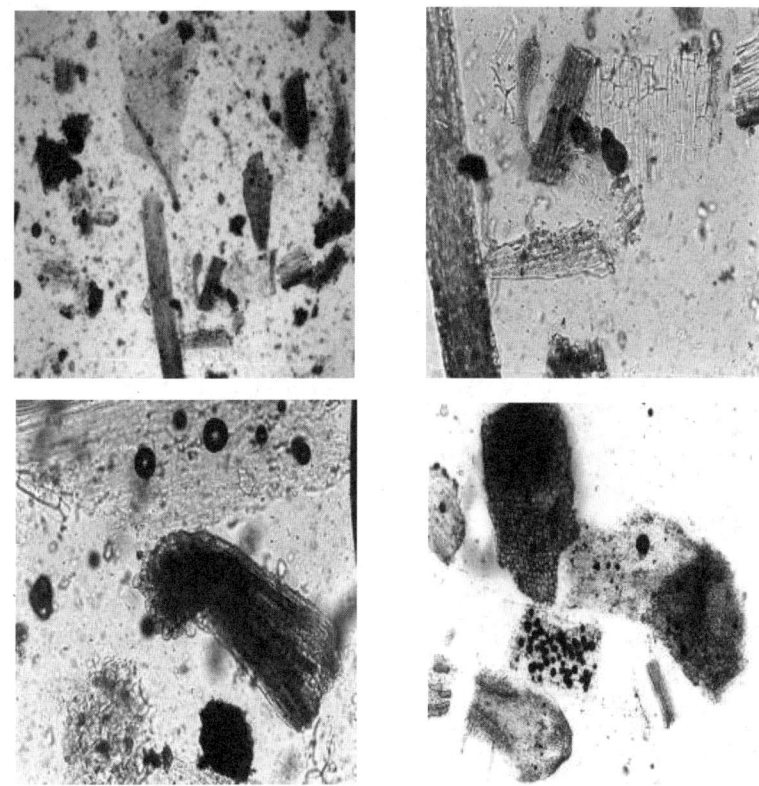

图 3.33　款冬花粉末显微特征图（×400）

花粉粒显微特征（图 3.34 至图 3.36）：花粉粒类圆球形，黄色，直径 28 ~ 48 μm，具 3 萌发孔，表面密被尖刺。极面为圆球形。刺状突起明显，基部膨大，球形，毛痂明显；萌发孔 3 个，萌发后呈球形。赤道面为椭圆形；近极面平坦，无刺状突起；远极面球状，刺状突起明显；萌发孔明显。

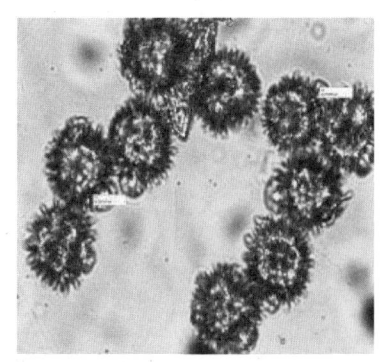

图 3.34　款冬花花粉粒（×250）

图 3.35　款冬花花粉粒（赤道面）（×400）

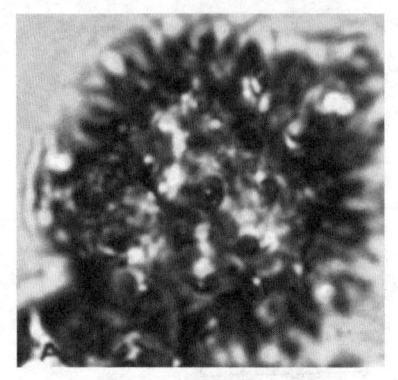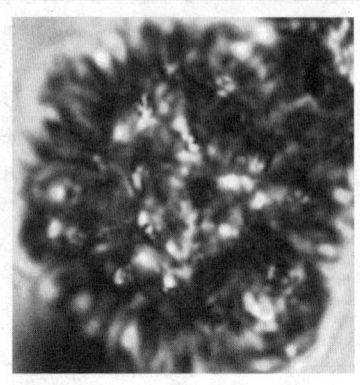

图 3.36　款冬花花粉粒（极面）（×400）

3.3　结　论

　　本书对款冬的根、茎、叶、花等进行了系统的组织学研究，首次报道了款冬的叶片、根、根茎的显微特征与显微图片。

　　款冬花的花粉粒类圆球形，黄色，直径 28～48 μm，具 3 萌发孔，表面密被尖刺。极面为圆球形。刺状突起明显，基部膨大，球形，毛痂明显；萌发孔 3 个，萌发后呈球形。赤道面为椭圆形；近极面平坦，无刺状突起；远极面球状，刺状突起明显；萌发孔明显。

　　款冬花的花柱二歧分枝状，每一分枝的内表面没有沟，可以与橐吾属植物区别；花柱顶端钝圆，表皮细胞分化成短绒毛状，分布在柱头顶端的周围，下端无毛（蜂斗菜的花柱顶端钻形，渐尖，有明显区别）。

　　款冬花植物品种单一，显微特征明显，可以作为鉴别特征。

4　款冬规范化栽培研究及栽培标准的制订

对款冬的规范化栽培研究主要包括产地环境适宜性的研究，栽培土壤的研究，栽培方式、密度与移栽时间的试验，肥效研究，款冬花的病虫害及其防治，收获加工试验等。

产地环境适宜性的研究是决定款冬花在当地（重庆巫溪）能否大规模种植的首要条件。巫溪县为农业县，地多人少，山高坡陡，工业生产相对落后，栽培环境不易受人为污染和工业污染，且在当地有 40 年的款冬栽培历史，是极佳的款冬栽培研究试验场地。

栽培方式、密度与移栽时间的试验是验证款冬栽培经验，制订款冬规范化栽培标准的必要步骤。通过上述试验，我们得到了适宜款冬栽培的最佳密度、最佳时间，并以此指导款冬花生产。

肥效研究是款冬栽培研究的重点，对款冬花的优质、高产和大规模种植有极其重要的意义。而肥料的种类、浓度，肥料间的相互配比，施肥的时间、次数，生长调节剂等诸多因素对款冬花的产量、品质均可能有影响，因此，肥效研究具有相当的复杂性。在此之前，未见有款冬肥效研究的系统报道，仅有零星的栽培经验的总结。本书经过 3 年的肥效试验研究，对款冬花栽培所需的肥料种类、肥料浓度、肥料间的相互配比、施肥的时间、施肥的次数、生长调节剂等做了较为系统的研究，初步弄清了款冬花的需肥规律，制订了利于款冬花优质高产的施肥标准。

4.1　款冬产地环境适宜性研究

产地环境适宜性的研究是中药材栽培研究的先决条件，而产地的水样、大气、土壤是决定款冬能否在当地大规模种植的关键。为了弄清款冬产地的基本情况，我们从 2005 年起，在巫溪县政府、巫溪县远帆药业有限公司的协助下，对巫溪县 34 个乡镇的水样、大气和进行栽培试验的 8 个乡镇的土壤进行了综合检测。

4.1.1　款冬花栽培所在地的自然地理概况

巫溪县位于四川盆周东北、大巴山东段南侧，川、陕、鄂三省交界处。地处东经 108°44′ ~ 109°58′、北纬 31°14′ ~ 31°44′。东邻湖北竹溪、竹山、房县，南接巫山、奉节、云阳，西依开县，北傍城口和陕西省安康市镇坪县。东西长 122.25 km，南北宽 54.7 km，区域呈"菱"形轮廓，辖区面积 603.83 万亩，折合为 4 025.53 km²。

4.1.1.1　地形地貌

巫溪县地处大巴山弧形构造与淮阳"山"字形构造两翼反射弧的结合部位。全县由一系列近东西走向的弧形褶皱和冲断裂群所组成，主要有 20 条向背斜和 30 条断层，地质构造复杂，地貌类型多样。西部龙台、高楼、中鹿等地，褶皱紧密，岭谷紧窄相间分布；东部通城、双阳等地，褶皱开阔，地形破碎；咸山至前河以北，褶皱紧密倒转，成倒置地形，背斜成谷，向斜成山；咸山至前河以南，褶皱渐缓，而背斜成山，向斜成谷。

全县地形呈东、西、北高而中南部低态势。东部的界梁子山脉主峰、西部的猪大路顶峰和北部的金鸡岭主峰海拔分别为 2 796.8 m、2 422.9 m、2 169 m，而南部的松涛山顶峰为 1 488 m，大宁河最低侵蚀基准面祝家河仅 139.4 m。全县最高点与最低点的高差竟达 2 657.4 m，为典型的中、深切割中山地形。全县地貌总体表现为强烈切割，崇山峻岭连绵不断，悬岩峡谷到处可见。其地形有明显的垂直地带性。天子城、大官山、猫儿背地处海拔 2 400 ~ 2 500 m 的一级夷平面；红池坝、西流溪、三根树位于海拔 1 800 m 左右的二级夷平面；文峰坝、尖山坝、上磺坝、通城坝散布于海拔 700 ~ 1 000 m 的三级夷平面；鸡头坝、马镇坝、赵家坝则在海拔 240 m 上下的河谷阶地，即四级夷平面。根据地貌成因类型分类原则和山丘地形的全国分类标准，全县地貌可分为八类，其中，河谷浅丘坝、向斜浅丘槽坝两类地形一般较平缓，土层较深厚，是粮食、经济作物主产区；峰丛中山、中切割单斜低山、中切割中山、向斜峰脊中山四类一般多为坡陡土薄，水土流失严重，农作物以玉米、洋芋为主；深切割中山，为火山碎屑岩地貌的山体，较适合药材等经济林木的发展；台原状中山，为苔原槽洼地带，分布在海拔 1 800 ~ 2 500 m 的一、二级夷平面上，因土层深厚肥沃，自然养分含量高，而宜种农作物少，为名优药材、经济林木生长提供了有利条件。

4.1.1.2 气候与土壤

1. 气 候

巫溪县属北亚热带暖湿季风气候，气候温和、雨量丰富、光照充足、四季分明，夏热冬暖、春早秋凉。以代表全县中山地区、海拔 720 m 的古路为例，23 年的年均气温 14.8 ℃，一月份平均气温 3.4 ℃，七月份平均气温 25.6 ℃，≥10 ℃ 的年积温为 4 162 ℃，年日照 1 568.7 h，无霜期达 255 d，年均降雨量 1 349.3 mm。

从立体地貌看，气候呈"一山四季"垂直变化特征，即随海拔的升高，热量减少，雨量增多，形成了由亚热带过渡到寒温带的气候特征。海拔 800 m 以下属亚热带，日平均气温≥10 ℃ 的有 238 ~ 260 d，年积温为 4 500 ~ 5 700 ℃；800 ~ 1 300 m 为暖温带，日平均气温≥10 ℃ 的有 200 ~ 238 d，年积温为 3 400 ~ 4 500 ℃；1 300 ~ 1 800 m 为中温带，日平均气温≥10 ℃ 的有 150 ~ 200 d，年积温为 2 200 ~ 3 400 ℃，适宜党参等药材生长；1 800 ~ 2 300 m 为温带，日平均气温≥10 ℃ 的有 115 ~ 150 d，年积温为 1 600 ~ 2 200 ℃；2 300 m 以上为寒温带，日平均气温≥10 ℃ 的只有 115 d 左右，年积温在 1 600 ℃ 以下。

巫溪县位于盆地东北降雨中心，多年平均降雨量为 1 022 ~ 1 728 mm。降雨季节分布：春季占总量的 27.7%，夏季占 41.8%，秋季占 26%，冬季占 4.5%。其地域分布与全县的地形地貌格局相对应，基本上是以红池坝为中心，从西北山区的 1 700 mm 向中南腹部大宁河一线递减至 1 050 mm；越过大宁河，又沿东增加至 1 400 mm。在相同的纬度上，降雨量则随着海拔升高而增大，且多集中于夏季。

2. 土 壤

土壤是地质、地形、母岩、气候、植被、水文等众多自然因素作用下的综合产物。由于巫溪县地质构造复杂，地貌类型多样，又属北亚热带暖湿季风气候，因此，全县土壤可分为七个土类：水稻土、潮土、紫色土、黄壤、黄棕壤、石灰岩土、山地棕壤。其中：

（1）水稻土 6.88 万亩，主要分布在海拔 400~800 m 的槽坝、丘陵有水资源灌溉地带。

（2）潮土 1.26 万亩，主要分布在海拔 800 m 以下的坝、槽和溪河两岸地段及柏杨河下段宽缓地带。

（3）紫色土是一种稳域性的土壤，全县约 14.59 万亩，主要分布在向斜浅丘槽坝、中切割单斜低山地带，红岩、青庄、蒲莲、龙王、峰灵、上磺、古路、得胜、塘坊、文峰、大同、菱角、镇泉、花台等 14 个乡镇均有分布。该土壤风化度浅，矿质养分较丰富，自然肥力高，微酸性至微碱性，宜种植作物范围广，作物产量高。

（4）黄壤是巫溪县主要土类之一，共有 313.44 万亩，分布于海拔 200~1 300 m 的地区，成土母质多由石灰岩、白云质灰岩及新、老地层中的沙、泥页岩发育而成，是在亚热带气候和针阔叶混交林植被条件下形成的。其成土条件和土壤性状，为松、杉、药材、茶叶的最佳生态环境。

（5）黄棕壤是巫溪县主要土类之一，共有 108.07 万亩，位于海拔 1 300~2 100 m 的中、高山地区，且呈垂直带谱状。主要分布于青龙、西安、双阳、白果林场、猫儿背林场、大官山林场、鸟龙、高竹、咸水、建楼、尖山等乡镇。黄棕壤由嘉陵江、大冶组二迭系、寒武系、震旦系、志留系地层白云质灰岩、硅质灰岩、页岩及泥灰岩母质风化发育而成，多为残坡积物，故土体棕色，表层疏松多孔，有机质丰富，自然肥力高，且所处环境：年平均温度 15 ℃ 左右，年降雨量 900~1 800 mm，湿度大、云雾多，宜种作物少，是发展党参等药材的良好土壤。

（6）石灰岩土也是巫溪县主要土壤之一，有 118.73 万亩。此类土壤主要在嘉陵江组、巴东组、大冶组的石灰岩风化壳上发育而成，分布在海拔 250~1 000 m 的地区，与黄壤呈复区分布。由于该类土壤保水、保肥能力较强，肥力水平高，宜种作物广，粮食产量高而稳定，为全县粮食主产土壤。

（7）山地棕壤多在海拔 2 100~2 700 m 的高山地段，多为森林草地，主要分布在猫儿背、白果林场、红池坝西部一、二级夷平面上，辖区面积 100 多万亩。该地区气温低、日照少、湿度大，年平均气温 4~10 ℃，年降雨量在 1 000 mm 以下。夏热多雨利于植物生长，冬春干冷利于有机质积累，生物积累过程大于地质淋溶过程，故该类土壤中粗有机质层与腐殖质层均厚，吸收性能良好，自然肥力高。但该区由于气温低、海拔高，又地处全县主要河流发源地，不宜粮食生产发展，却是发展杜仲、厚朴、黄柏、天麻、贝母、黄连、党参等木本和草木药材的良好土壤。

4.1.1.3 土壤养分

全县土壤养分总体为少氮、缺磷、富钾。据土壤理化测试统计，全县土壤速效氮在 90×10^{-6} 以下的占总量的 46.49%，速效磷低于 5×10^{-6} 的占总量的 73.87%（低于 3×10^{-6} 的占总量的 35.26%），速效钾大于 100×10^{-6} 的占总量的 77.41%。但位于海拔 1 300～2 700 m，适合党参、黄连、杜仲、黄柏等草木、木本药材生长的高山地区的黄棕壤，其养分含量高于全县平均水平（表 4.1）。

表 4.1　黄棕壤养分等级表

等级	全县平均水平	一级	二级	三级	四级	五级	六级	一至四级占本土总量
有机质含量/%	2.5%	>4%的占本土面积 24.7%	3%～4%的占本土面积 20.15%	2%～3%的占本土面积 30.08%	1%～2%的占本土面积 25.06%	0	0	100%
碱解氮含量/10^{-6}	103	>150的占本土面积 34.56%	121～150的占本土面积 26.72%	91～120的占本土面积 4.17%	61～90的占本土面积 34.55%	0	0	100%
速效磷含量/10^{-6}	4.2	>40的占本土面积 0	21～40的占本土面积 0	11～20的占本土面积 2.47%	6～10的占本土面积 12.38%	3～5的占本土面积 32.42%	<3的占本土面积 52.73%	14.85%
速效钾含量/10^{-6}	153	>200的占本土面积 46.75%	151～200的占本土面积 12.64%	101～150的占本土面积 19.77%	51～100的占本土面积 11.71%	31～50的占本土面积 9.13%	0	90.87%

4.1.1.4 环境与水质

通过检测，巫溪县环境空气质量、土地的水质根据评价标准和依据，按照国家大气标准和国家农田灌溉水质标准，所测项目结果均在评价标准范围内（详见表 4.2、表 4.3）。

表4.2 水样监测结果一览表

项目	采样点													
	通城乡	九狮坪	长桂乡	兰英乡	鱼沙乡	龙台乡	中岗乡	皂角乡	咸水乡	白鹿镇	易溪乡	鱼鳞乡	乌龙乡	下堡乡
总汞/mg·L^{-1}	未检出	未检出	未检出	未检出	未检出	未检出	未检出	未检出	未检出	未检出	未检出	未检出	未检出	未检出
总镉/mg·L^{-1}	未检出	未检出	未检出	未检出	未检出	未检出	未检出	未检出	未检出	未检出	未检出	未检出	未检出	未检出
总砷/mg·L^{-1}	未检出	未检出	未检出	未检出	未检出	未检出	未检出	未检出	未检出	未检出	未检出	未检出	未检出	未检出
总铅/mg·L^{-1}	未检出	未检出	未检出	未检出	未检出	未检出	未检出	未检出	未检出	未检出	未检出	未检出	未检出	未检出
铬（六价）/mg·L^{-1}	0.001	0.001	0.001	0.001	0.001	0.001	0.002	0.001	0.01	0.001	0.001	0.001	0.002	0.002
氯化物/mg·L^{-1}	11	11	17	13	9	6	11	19	8	11	10	11	18	17
氟化物/mg·L^{-1}	0.4	0.5	0.7	0.7	0.6	0.5	0.9	0.8	0.5	0.6	0.5	0.7	0.8	0.5
氰化物/mg·L^{-1}	未检出	未检出	未检出	未检出	未检出	未检出	未检出	未检出	未检出	未检出	未检出	未检出	未检出	未检出
pH	7.6	7.0	7.4	7.8	6.9	7.7	7.6	7.4	6.7	7.0	7.4	7.8	7.3	7.4
细菌总数/个·L^{-1}	3 000	2 000	3 000	4 000	4 000	6 000	5 000	5 000	6 000	2 000	2 000	4 000	7 000	3 000
总大肠杆菌/个·L^{-1}	1.0	1.0	1.0	1.0	1.0	1.0	1.0	1.0	2.0	1.0	1.0	1.0	2.0	1.0

续表 4.2

项目	采样点																	
	高楼乡	高竹乡	徐家镇	胜利乡	中鹿乡	马坪乡	尖山乡	上镇镇	前河乡	和平乡	双阳乡	大河乡	宁厂镇	中梁乡
总汞/mg·L⁻¹	未检出	未检出	未检出	未检出	未检出	未检出	未检出	未检出	未检出	未检出	未检出	未检出	未检出	未检出
总镉/mg·L⁻¹	未检出	未检出	未检出	未检出	未检出	未检出	未检出	未检出	未检出	未检出	未检出	未检出	未检出	未检出
总砷/mg·L⁻¹	未检出	未检出	未检出	未检出	未检出	未检出	未检出	未检出	未检出	未检出	未检出	未检出	未检出	未检出
总铅/mg·L⁻¹	未检出	未检出	未检出	未检出	未检出	未检出	未检出	未检出	未检出	未检出	未检出	未检出	未检出	未检出
铬（六价）/mg·L⁻¹	0.001	0.001	0.001	0.001	0.002	0.002	0.002	0.002	0.002	0.001	0.001	0.001	0.002	0.001
氯化物/mg·L⁻¹	12	9	10	11	17	12	13	19	10	16	13	12	13	9
氟化物/mg·L⁻¹	0.7	0.6	0.5	0.7	0.6	0.5	0.4	1.6	0.4	0.8	0.7	0.6	0.4	0.4
氰化物/mg·L⁻¹	未检出	未检出	未检出	未检出	未检出	未检出	未检出	未检出	未检出	未检出	未检出	未检出	未检出	未检出
pH	7.2	7.0	6.6	6.9	7.0	7.3	7.4	6.6	7.4	7.4	6.8	7.0	7.4	7.0
细菌总数/个·L⁻¹	4 000	2 000	3 000	6 000	5 000	6 000	7 000	7 000	5 000	3 000	9 000	54 000	7 000	6 000
总大肠杆菌/个·L⁻¹	1.0	1.0	1.0	1.0	1.0	1.0	2.0	1.0	2.0	1.0	2.0	1.0	2.0	1.0

表4.3 大气监测结果一览表

项目	通城乡	九狮坪	长桂乡	兰英乡	鱼沙乡	龙合乡	中岗乡	皂角乡	咸水乡	白鹿镇	易溪乡	鱼鳞乡	乌龙乡	下堡乡	天元乡	和平乡	中梁乡
							采样点										
$SO_2/mg \cdot m^{-3}$	0.03	0.01	0.02	0.01	0.01	0.05	0.02	0.03	0.04	0.05	0.02	0.02	0.03	0.04	0.02	0.03	0.02
$TSP/mg \cdot m^{-3}$	0.11	0.02	0.06	0.07	0.09	0.09	0.07	0.08	0.08	0.12	0.07	0.06	0.07	0.10	0.08	0.11	0.07
$NO_x/mg \cdot m^{-3}$	0.001	0.001	0.001	0.001	0.001	0.001	0.001	0.001	0.001	0.001	0.001	0.001	0.001	0.001	0.001	0.001	0.001
氟化物/mg · m⁻³	5.9	3.1	3.1	5.0	2.8	3.9	4.6	4.2	3.9	5.6	3.8	3.3	4.5	4.7	3.6	5.1	4.9

项目	土城乡	万古乡	高楼乡	高竹乡	徐家镇	胜利乡	中咀乡	马坪乡	尖山镇	上礦镇	前河乡	后河乡	天星乡	正溪乡	双阳乡	大河乡	宁厂镇
							采样点										
$SO_2/mg \cdot m^{-3}$	0.02	0.04	0.04	0.02	0.05	0.02	0.04	0.05	0.02	0.05	0.03	0.03	0.02	0.04	0.04	0.03	0.04
$TSP/mg \cdot m^{-3}$	0.07	0.08	0.10	0.06	0.13	0.09	0.08	0.11	0.14	0.13	0.13	0.10	0.09	0.06	0.09	0.11	0.10
$NO_x/mg \cdot m^{-3}$	0.001	0.001	0.001	0.001	0.001	0.001	0.001	0.001	0.001	0.001	0.001	0.001	0.001	0.001	0.001	0.001	0.001
氟化物/mg · m⁻³	4.4	4.8	4.6	3.9	4.8	5.9	4.3	3.3	3.5	6.9	4.6	5.4	3.6	5.5	4.5	5.2	4.2

结论：大气质量符合环境空气质量（GB3095—1996）二级标准。

4.1.1.5 结 论

综上所述，巫溪县地处四川盆周东北、大巴山东段南侧，地处东经 108°44′~109°58′、北纬 31°14′~31°44′。全县地形呈东、西、北高而中南低态势。东、西、北山脉主峰海拔分别为 2 796.8 m、2 422 m、2 169 m，南部最高山峰为 1 488 m，而最低海拔仅为 139.4 m。全县地貌总体表现为强烈切割，崇山峻岭连绵不断，悬岩峡谷到处可见，坡陡土薄，大于 25°的退耕面积大。全县地形呈明显垂直地带性：一级夷平面在海拔 2 400~2 500 m，二级夷平面在海拔 1 800 m 左右，两者均土层深厚肥沃，自然养分含量高，宜种农作物少，适合名优药材、经济林木生长，三级夷平面在海拔 700~1 000 m，四级夷平面在海拔 240 m 左右的河谷地带，均适合玉米、洋芋和水稻等农作物生长。

全县气候属北亚热带暖湿季风气候，气候温和，雨量丰富，光照充足，四季分明，夏热冬暖，春早秋凉，并呈现"一山四季"垂直变化特征，即随海拔升高，热量减少，雨量增多，形成由亚热带过渡到寒温带的气候特征。海拔在 800 m 以下属亚热带，日平均气温≥10 ℃ 的有 238~260 d，年积温为 4 500~5 700 ℃，年降雨量在 1 000 mm 左右；海拔在 2 300 m 以上的西北山区属寒温带，日平均气温≥10 ℃ 的只有 115 d，年积温在 1 600 ℃ 以下，年降雨量在 1 700 mm 左右。

全县土壤主要分为 7 个土类，其中水稻土、潮土、紫色土三个土类主要分布在海拔较低的槽坝低山地带，自然肥力高，宜种植范围广，作物产量高。黄壤和石灰岩土是巫溪县的主要土类之一，两者在海拔 200~1 300 m 呈复区分布，为全县粮食主产土壤。黄棕壤也是巫溪县主要土类之一，共有 108 万亩，位于海拔 1 300~2 100 m 的地区，该类土壤多为残坡积物，表层疏松多孔，有机质丰富，但所在地区气温低、湿度大，宜种作物少，是党参等药材生长的良好土壤。山地棕壤也称棕壤草甸土，多分布在海拔 2 300 m 以上的地区，为寒温带区域，有机质层厚，自然肥力高，吸收性能好，碱解氮、速效磷、速效钾等养分均高于其他土壤（表 4.1）。但所在地区海拔高、气温低，不适宜粮食生产，却是杜仲、天麻、贝母、党参等名优药材生长的良好土壤，且空气质量及水质也符合种植要求（详见表 4.2、表 4.3）。

4.1.2　项目建设的基本条件

4.1.2.1　生态环境优势

巫溪县地处四川盆周东北、大巴山东段南侧，全县地形呈东、西、北高而中、南低态势。最高峰海拔为 2 796.8 m，地形呈明显垂直地带性。气候温和，雨量丰富，光照充足，四季分明，夏热冬暖，春早秋凉，并呈现"一山四季"垂直变化特征，土层深厚肥沃，自然养分含量高，适于各种名优药材的生长。

4.1.2.2　药材资源优势

巫溪县特殊的立体自然生态环境，孕育了丰富的中药材资源。据 1982—1985 年全县中药资源普查和对部分标本的鉴定，计有 165 科 559 属 1 232 种，其中植物药 1 122 种、动物药 100 种、矿物药 10 种，占四川省中药资源的50%左右。经初步预测，全县主要中药资源蕴藏量约为 841 587 万千克。常年收购中药材品种计 150 种以上，其中植物药材 132 种、动物药材 17 种、矿物药材 1 种。

4.1.2.3　道地药材品质优势

巫溪县中药资源不但品种多、蕴藏量大，而且品质纯正。很多道地中药材如党参、首乌、款冬花、大黄、佛手、黄连、独活、云木香、味牛膝、川牛膝、太白贝母、杜仲、厚朴等驰名中外，享誉全国，素有"天然药物宝库"之称。

由于巫溪县中药材产地远离工业污染，因此在国内外市场享有较高的知名度，拥有较大的市场优势。

款冬花种植适宜海拔为 1 000～2 000 m，主要在巫溪县东部的通城、双阳，北部的下堡、土城、和平、白鹿、鱼鳞，南部的尖山等乡镇的传统产地，土壤主要为黄沙土、灰包土、黄灰包土 3 个主要类型，坡度为 10°～25°的山地，气候、水质等其他条件符合款冬花生长发育和《中药材生产质量管理规范（试行）》要求。

款冬花在低海拔地区（低于 800 m）种植，容易遭受高温导致植株死亡，且花数少，粒小，产量低；海拔高于 2 200 m，冻土早、解冻迟，款冬花生长期短，不利于款冬花采收。

根据《中药材生产质量管理规范》的要求，对巫溪款冬花种植基地的环境条件进行了测试、评估。结果表明：大气、灌溉水和耕作土壤符合国家大气环境质量二级标准，款冬花产地土壤氯化物符合国家耕作土壤二级标准，灌溉水符合国家农田灌溉水质量标准。巫溪款冬花规划种植区内的环境条件符合国家《中药材生产质量管理规范》的要求（图 4.1 至图 4.4）。

图 4.1　款冬生态环境（重庆巫溪县九狮坪）

图 4.2　款冬生态环境（重庆巫溪县夏布坪）

图 4.3　栽培的款冬（重庆巫溪县夏布坪）

图 4.4　款冬试验地（重庆巫溪县夏布坪）

4.1.2.4　水样、大气、土壤的检测

水样检测选取汞、镉、砷、铅、铬、氯化物、氟化物、氰化物、pH、细菌总数、大肠杆菌总数进行测定，结果见表 4.2。

巫溪 34 个乡镇的大气检测，重点检测 SO_2、TSP、NO_x、氟化物等，结果见表 4.3。

巫溪县 8 个乡镇的土壤检测，结果见表 4.4。

结论：

（1）巫溪县 31 个乡镇水样中的汞、镉、砷、铅、铬、氯化物、氟化物、氰化物、pH、细菌总数、大肠杆菌总数均在国家规定的标准之内，水质符合地表水环境质量标准（GB3838—2002）一级标准。

（2）巫溪县 34 个乡镇中的大气检测，重点检测 SO_2、TSP、NO_x、氟化物等，均在国家规定的标准之内，大气质量符合环境空气质量（GB3095—1996）二级标准。

（3）巫溪县 8 个乡镇土壤中的 Pb、Cd、Hg、As、Cr、Cu 检测结果，除部分乡镇的镉超标外，其余重金属、有害元素含量都在国家规定的标准范围内。

4.1.2.5　款冬花生长土壤的研究

进行款冬花生长土壤的研究，选择适宜款冬花生长发育的土地，是进行款冬花栽培的基础（款冬花生长环境调查表见本章附件）。

重庆市药物种植研究所对巫溪款冬花的生长土壤做了研究[20]，结果总结如下：款冬花生长土壤划分为黄沙土、灰包土、黄灰包土 3 个主要类型，其典型剖面特征见表 4.5。

表 4.4 土壤检测结果一览表

项目 /mg · kg^{-1}

采样点	铅		镉		汞		砷		铬		铜	
	标准要求	检测结果	标准要求	检测结果	标准要求	检测结果	标准要求	检测结果	标准要求	检测结果	标准要求	检测结果
祥树乡	250	18.95	0.3	0.775	0.3	0.333	40	11.19	150	49.82	50	19.43
尖山镇	250	22.19	0.3	1.950	0.3	0.130	40	13.36	150	83.66	50	22.13
夏布坪	250	18.92	0.3	0.325	0.3	0.085	40	11.48	150	54.21	50	23.20
龙台乡	300	23.83	0.3	0.425	0.5	0.496	30	14.59	200	51.38	100	18.78
九狮坪	250	18.60	0.3	0.225	0.3	0.030	40	9.80	150	55.70	50	20.40
宁厂镇	250	20.40	0.3	0.700	0.3	0.060	40	11.10	150	55.50	50	16.20
大河乡	350	18.68	0.6	0.375	1.0	0.236	25	13.11	250	63.58	100	20.70
白鹿镇	300	37.60	0.3	0.270	0.5	0.360	30	20.60	200	33.90	200	23.60

表 4.5　款冬花土壤典型剖面特征

土　壤	层次	深度/cm	颜色	结构	质地	松紧度	根系
黄沙土	A	0~22	灰黄色	颗粒状	轻砾质沙壤	松	多
	B	22~45	橙黄色	块状	轻砾质中壤	稍紧	少
灰包土	A	0~23	暗灰色	粒状	重壤	松	多
	B	23~100	灰黄色	块状	重壤	紧	少
黄灰包土	A	0~17	灰　色	粒状	轻黏	松	多
	B	18~85	灰黄色	块状	重壤	紧	少

4.1.2.6　款冬花生长土壤的理化特性

1. 颗粒组成

对款冬花土壤的颗粒组成进行分析，测定结果见表 4.6。款冬花土壤沙粒含量变异系数 A 层大而 B 层小，款冬花土壤质地多为中壤土，土体中各种粒级的土粒百分数变异系数较小，说明款冬花土壤固相组成变动较小，土壤质地过轻、过重均对款冬花生长不利，沙粒含量 15%~20%、粉粒含量 60%~70%，黏粒含量 20%~25%的土壤适宜款冬花的生长。

表 4.6　款冬花土壤颗粒组成

项目		粒级		
		沙粒/%	粉粒/%	黏粒/%
A 层	平均值	17.20	62.60	20.20
	标准差	5.79	6.05	5.12
	变异系数	34.80	9.67	25.30
B 层	平均值	14.60	66.30	19.10
	标准差	1.43	5.36	5.04
	变异系数	9.77	8.08	26.40

2. 田间持水量

土壤田间持水量是衡量土壤性能的一个重要指标，土壤水分也是影响款冬花生长发育的一个重要因素。款冬花土壤田间持水量的分析测定，结果见表 4.7。

表 4.7　款冬花土壤田间持水量

土层	平均值/g·kg^{-1}	标准差	变异系数/%
A 层	314.92	15.51	4.94
B 层	292.22	21.12	7.59

款冬花土壤田间持水量变异系数小，A 层和 B 层土壤田间持水量变异系数均小于 10%，A 层的变异系数小于 B 层。经调查分析测定，款冬花土壤的田间持水量在 280~350 g·kg^{-1} 较好。

3. pH

款冬花土壤的 pH 大多数为 6.1~6.5，且变异数小，属微酸性土壤，A 层与 B 层之间 pH 差异不大，土壤碳酸钙含量为 6.5~9.5 g·kg^{-1}，A 层与 B 层之间的碳酸钙含量变异较大。款冬花土壤的 CEC 含量较高，保水保肥力强，A 层与 B 层之间变异较大，说明款冬花生长土壤地块之间的保水保肥力差异大。

4. 有机质和氮、磷、钾

有机质是土壤的重要组成部分。巫溪款冬花土壤的有机质、氮素、磷素、钾素含量见表 4.8。

表 4.8　款冬花土壤有机质、氮素、磷素、钾素含量

土层	项目						
	有机质/g·kg^{-1}	全氮/g·kg^{-1}	碱解氮/mg·kg^{-1}	全磷/g·kg^{-1}	速效磷/mg·kg^{-1}	全钾/g·kg^{-1}	速效钾/mg·kg^{-1}
	平均值	平均值	平均值	平均值	平均值	平均值	平均值
A 层	32.08	1.90	88.97	0.034	0.517	17.0	242
B 层	28.83	1.43	54.34	0.250	0.528	13.2	80.6

从表 4.8 可以看出，款冬花土壤的有机质含量较高。随着土层厚度的增加，有机质含量减少，A 层土壤样品与 B 层土壤样品有机质含量测定值变异较大，这可能是由对款冬花土壤的耕作熟化和有机肥施用量的多少而形成的。

款冬花土壤氮素含量较高，碱解氮含量平均值高于一般土壤缺氮临界指标（60 mg·kg^{-1}）约 30 mg·kg^{-1}。氮素含量随着土层厚度的增加而减少，其中全氮变化幅度较小，碱解氮变化幅度较大，说明氮素有向耕作层富集的现象。这是由于款冬花生长土壤在长期的耕作熟化过程中，施用肥料和对耕作层耕种熟化，造成耕作氮素含量增加。

款冬花土壤全磷含量较低，低于一般土壤全磷含量（0.4～2.5 g·kg^{-1}）的低水平含量，速效磷含量低，接近一般土壤速效磷缺磷临界值（5 mg·kg^{-1}）的 1/10。A 层与 B 层的磷素含量差异较小。耕作层全磷含量变化较大，而速效磷含量则变化较小。

款冬花土壤钾素含量处于较高的水平，全钾含量高于大多数耕作土壤的平均含量水平（11.6 g·kg^{-1}）。速效钾含量远远高于土壤缺钾临界值（83 mg·kg^{-1}）。随着土层厚度的增加，钾素含量减少，其中全钾变化幅度较小，速效钾变化幅度较大，A 层速效钾含量比 B 层高 3 倍多，说明钾素有向耕作层富集的现象。耕作层全钾和速效钾测定值变异较大，变异系数分别为 28% 和 109.5%，而底土层变化小，变异系数分别为 18.79% 和 9%。

为了研究不同土壤类型、不同坡度对款冬花生长与产量的影响，本研究对不同土壤类型、不同坡度条件做了栽培试验。试验结果（表 4.9）表明：款冬花的适宜栽培土壤为灰包土，其鲜重[①]、粒数、全株鲜重、每粒花重、冬花所占生物量的比例、小区产量、干重产量等指标均比其他类型的土壤好，有显著的差异；其次为黄灰包土；黄沙土最次。

结论：灰包土为栽培款冬的最适宜土壤。

表 4.9　不同土壤类型对款冬花单株性状和小区产量的影响

土壤类型	鲜重/g	粒数	全株鲜重/g	每粒花重/g	款冬花所占生物量比例/%	小区产量/kg	干重产量/kg
灰包土	113.4	54.6	101.0	0.595	14.7	3.68	1.05
黄灰包土	106.0	51.9	99.4	0.589	13.8	3.24	0.91
黄沙土	98.5	47.9	87.7	0.516	12.6	2.65	0.72

注：① 实为质量，包括下文的花重、干重、恒重等。但现阶段在农、林、畜牧等行业的生产实际中一直沿用，为使读者了解、熟悉生产实际，本书予以保留。——编者注

4.1.2.7 栽培坡度的适宜性试验

根据对款冬花的生产情况调查，栽培地一般选择海拔 1 100 ~ 2 000 m 的山区半阴坡地。地势要求平坦，或略有倾斜。因为坡度大易造成水土肥流失，易引起款冬花露根，前期影响其生长或导致植株死亡，后期影响花数和产品品质。款冬喜冷凉气候，怕高温，气温在 15 ~ 25 ℃ 时生长良好，超过 35 ℃ 时茎叶萎蔫，甚至大量死亡；喜湿润的环境，怕干旱和积水。坡度对款冬花产量影响试验见表 4.10。

表 4.10　坡度对款冬花产量的影响

地点	坡度/°	产量/kg·亩$^{-1}$（鲜）	生物量与花之比
夏布坪	20	211.5	1 : 0.132
夏布坪	34	186.1	1 : 0.094

试验表明，坡度对款冬花的生长和产量有较大的影响，种植款冬花的土壤坡度以 25° 内为宜。

4.2　栽培方式、密度与移栽时间试验

4.2.1　移栽试验

选地与整地：选择半阴半阳的山坡，土质疏松肥沃、离水源较近、排水良好、富含腐殖质的沙壤土种植。深翻 25 ~ 30 cm，同时精耕细作，做到地平土细，并做 1.2 m 高畦，畦沟宽 40 ~ 45 cm。

根茎的选择：11 月上旬采花蕾后，挖出地下根茎，随挖随栽。

栽种：选粗壮、色白、无病虫害的根茎作种栽培。每亩需种根约 35 kg。并划一定的小区，小区面积 10 m²（长 5 m、宽 2 m，以下试验同此面积）。

条播：行距 25 ~ 27 cm 开沟，沟深 7 ~ 10 cm，每隔 10 cm 平放根茎 1 节，覆土盖平。

窝播：行株距厘米起窝，窝深 7 ~ 10 cm，每窝按"品"字形放根茎 3 节，覆土盖平。

表 4.11　款冬花栽培方式试验表

方式	窝播/cm				行播/cm		
	A	B	C	D	X	Y	Z
距离	30×25	35×30	25×15	40×30	25×10	25×15	25×5

表 4.12　不同栽培方式、密度对款冬花产量的影响

栽培方式	小区种植株数	小区收获株数	生物产量与经济产量之比	经济产量/kg·亩$^{-1}$（鲜）
穴栽 A	345	121.3	1：0.139	210.1
穴栽 B	245	115.4	1：0.141	206.1
穴栽 C	690	142.2	1：0.107	218.2
穴栽 D	215	105.7	1：0.140	196.8
行栽 X	345	127.4	1：0.138	214.3
行栽 Y	230	121.0	1：0.143	208.1
行栽 Z	690	145.3	1：0.110	220.2

款冬平均伸展度为 20.5 cm×26.3 cm，因此款冬栽培要保持适宜的栽培密度，密度过大（大于 5 000 株/亩），因为存在生存竞争，必将导致部分款冬死亡；密度过小，款冬生长虽好，但不利于高产。

本试验结果表明：款冬的适宜栽培密度为 4 500～5 000 株/亩。

4.2.2　栽培时间试验

款冬花可移栽期较长，从每年 12 月到翌年 4 月（土壤封冻除外）均可移栽，以冬季和早春移栽最好。巫溪款冬花主产区的移栽可分为"冬栽"和"春栽"，12 月上旬以前称为"冬栽"，2 月中旬以后称为"春栽"。生产实践表明，款冬花最适宜移栽时间为 2 月下旬至 3 月下旬和冬季土壤未封冻前，3 月以后，款冬花地下根状茎已开始萌发，幼嫩芽容易受到损伤，影响其萌发和生长，长势较慢；若土壤封冻后移栽，给移栽操作带来不便，而且易折断种苗根状茎。本研究对不同的款冬花进行了栽培试验，试验结果见表 4.13。

表 4.13　不同移栽时间对款冬花产量的影响

移栽时间	出土时间	产量/kg·亩$^{-1}$（鲜）	生物量与花之比
11 月中旬	3 月中上旬	175.0	26.7
12 月上旬	3 月中上旬	179.1	27.1
2 月中旬	3 月中上旬	172.0	26.3
3 月中旬	4 月上旬	158.3	24.8
4 月中旬	4 月下旬至 5 月上旬	147.0	21.2
5 月中旬	5 月下旬	126.0	19.6

由表 4.13 可以看出，款冬花种植时间在农历"惊蛰"（3 月上旬）以前，其产量没有明显的差异，并且也较其他种植时间的产量高；种植时间在 3 月以后，产量明显下降，在田间观察也能看出明显差距。

4.2.3　连作试验

连作障碍在许多作物中都存在，引起连作障碍的原因是多种多样的。对款冬花连作试验的研究表明（结果见表 4.14），连作土中的款冬花长势较弱，植株矮小，根系不发达，在生长后期（8 月以后）易罹病害。同样的田间管理，连作款冬花的单株结花数明显降低。款冬花连作障碍的原因初步分析是，款冬花根系分泌物释放入土壤中，对后一茬款冬花的生长发育有毒害作用，影响了其正常生长发育。

表 4.14　款冬花连作试验产量比较

种植方式	产量/kg·亩$^{-1}$（鲜）
连　作	113.0
新土种植	198.5
轮作后种植	175.7

生产实践调查表明，款冬花与玉米、马铃薯等轮作，能很好地克服款冬花的连作障碍。

结论：

（1）款冬的适宜栽培密度为 4 500～5 000 株/亩。

（2）款冬最适宜移栽时间为 2 月下旬至 3 月下旬和冬季土壤未封冻前。

（3）款冬不宜连作，与玉米、马铃薯等轮作，能很好地克服款冬花的连作障碍。

4.3 款冬花的肥效研究试验

肥效研究是中药材规范化栽培研究的基础，为了研究施肥对款冬花产量与品质的影响，本书对单一肥效（包括底肥、N、P、K 等），因子施肥、生长调节剂等做了研究，研究内容与结果如下：

4.3.1 单一肥效试验

4.3.1.1 材料与方法

第二次春季栽培试验。试验在重庆市巫溪县通成镇和尖山镇进行，前茬作物为玉米和马铃薯，土壤肥力中等，沙壤土；大田生产水平，栽培密度按窝行距 0.4 m×0.35 m，每窝放入 3 个种节，小区面积 10 m²，设 5 个处理，3 次重复，随机排列。

采用单因素试验设计，氮肥（尿素）、磷肥（含 P_2O_5 11%）、钾肥（KCl）和有机肥四种处理。肥料种类：氮肥（尿素）、磷肥（过磷酸钙）、钾肥（氯化钾）、堆肥。

氮肥（尿素）：随机排列，用水溶解后窝施。

磷肥（过磷酸钙）：全部做底肥。

钾肥（氯化钾）：用水溶解后窝施。

堆肥：全部做底肥。

9 月上旬第二次施肥：按各小区的 30%~50%量施追肥。

10 月下旬第三次施肥：按各小区的 30%~50%量施追肥。

每种处理设有 5 个水平，施肥总量如表 4.15 所示。

表 4.15　款冬施肥种类和总量

种类	水平	施肥总量/（kg/10 m²）		
		尿素	过磷酸钙	氯化钾
尿素	1	0.0	0.15	0.08
	2	0.10	0.15	0.08
	3	0.20	0.15	0.08
	4	0.30	0.15	0.08
	5	0.40	0.15	0.08
过磷酸钙	1	0.08	0.0	0.08
	2	0.08	0.40	0.08

续表 4.15

种类	水平	施肥总量/（kg/10 m²）		
		尿素	过磷酸钙	氯化钾
过磷酸钙	3	0.08	0.80	0.08
	4	0.08	1.20	0.08
	5	0.08	1.60	0.08
氯化钾	1	0.08	0.15	0.0
	2	0.08	0.15	0.05
	3	0.08	0.15	0.15
	4	0.08	0.15	0.30
	5	0.08	0.15	0.45
有机肥	1	0		
	2	30		
	3	60		
	4	90		
	5	120		

4.3.1.2 施肥量的确定

按下式计算施肥量：

施肥量 =（单位面积产量×单位面积款冬吸收量 − 土壤供应量×
土壤养分利用率）÷肥料利用率

款冬生育期内需要氮、磷、钾等 5 种元素的量见表 4.16。

表 4.16 款冬生育期内所需元素的量

所需元素	N	P	K	Ca	Mg
需要量/mg·株$^{-1}$	5.78	0.733	2.234	2.791	0.862

从表 4.16 中可看出，款冬生育期吸收 N、P、K 的比例接近 8：1：3，吸收 K、Ca、Mg 的比例接近 3：3.5：1。

4.3.1.3 施肥对款冬花产量和生物量分配的影响

1. 有机肥对款冬花产量和生物量分配的影响

试验结果如表 4.17、图 4.5 和图 4.6 所示。

表 4.17 有机肥不同施肥水平对款冬花单株性状和小区产量的影响

序号	有机肥施肥水平 /（kg/10 m²）	鲜重/g	粒数	全株 鲜重/g	每粒 花重/g	款冬花所 占生物量 比例/%	小区 产量/kg	折算 产量/kg
1	0	21.9	38.5	86.8	0.531	21.79	1.02	2.13
2	20	27.8	52.6	89.1	0.565	23.91	1.45	2.78
3	40	31.0	49.9	137.8	0.625	19.91	1.52	2.49
4	60	24.0	40.2	122.5	0.595	17.02	1.10	2.07

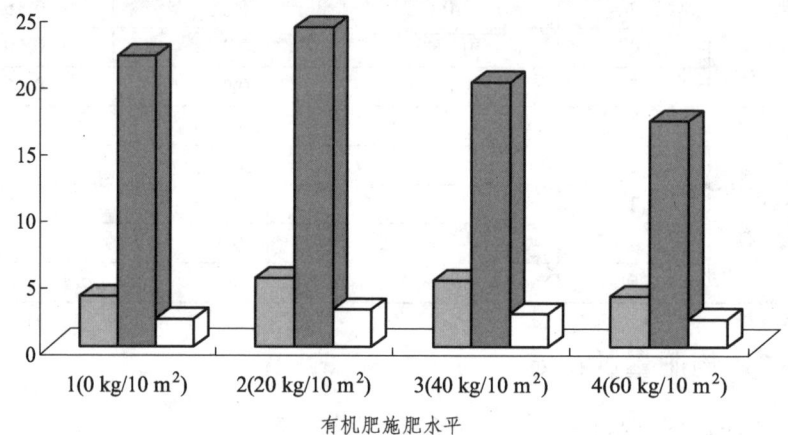

图 4.5 有机肥不同施肥水平下款冬花单株性状和小区产量

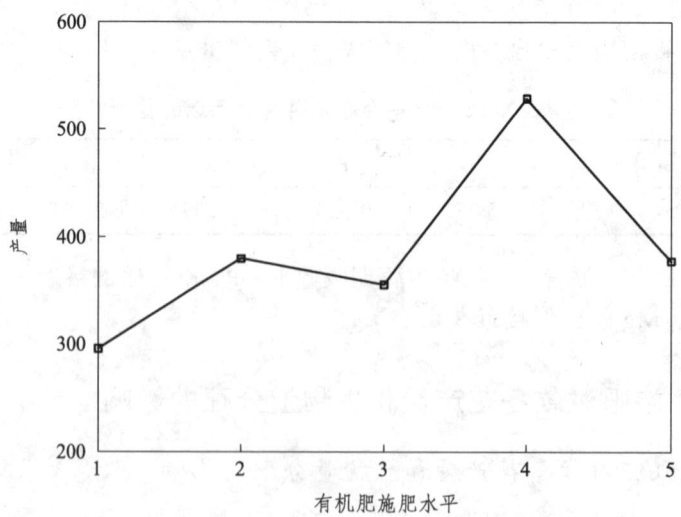

图 4.6 有机肥不同施肥水平下款冬花的小区产量（第一次）

2. 氮肥对款冬花产量和生物量分配的影响

试验结果如表4.18、图4.7和4.8所示。

表4.18 氮肥不同施肥水平对款冬花单株性状和小区产量的影响

序号	氮肥施肥水平/（kg/10 m²）	鲜重/g	粒数	全株鲜重/g	每粒花重/g	款冬花所占生物量比例/%	小区产量/kg	折算产量/kg
1	0.1	19.0	38.5	91.1	0.506	6.70	1.03	2.76
2	0.2	17.7	37.1	80.6	0.480	6.78	1.18	2.29
3	0.3	10.7	22.4	77.4	0.478	4.68	0.97	2.20
4	0.4	6.6	15.9	52.7	0.407	5.31	0.55	1.47

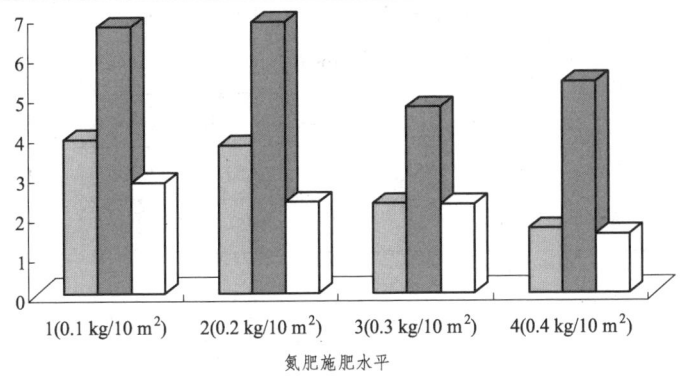

图4.7 氮肥不同施肥水平下款冬花的单株性状和小区产量

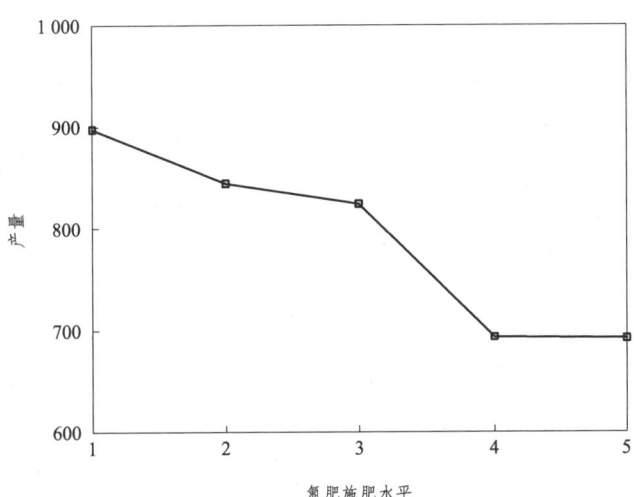

图4.8 氮肥不同施肥水平下款冬花的小区产量（第一次）

本次试验处理随着施用氮肥量的增加，大多数性状指标呈递减趋势，如表 4.18 所示，两年试验结果基本一致。

3. 磷肥对款冬花产量和生物量分配的影响

试验结果如表 4.19、图 4.9 和图 4.10 所示。

表 4.19　磷肥不同施肥水平对款冬花单株性状和小区产量的影响

序号	磷肥施肥水平 / (kg/10 m²)	鲜重/g	粒数	全株鲜重/g	每粒花重/g	款冬花所占生物量比例/%	小区产量/kg	折算产量/kg
1	0.0	27.3	49.3	98.9	0.545	9.42	1.10	2.85
2	0.4	25.5	46.5	99.0	0.552	4.65	1.28	3.25
3	0.8	34.6	57.6	107.6	0.598	9.35	1.55	3.04
4	1.2	30.5	58.3	112.9	0.518	7.33	1.45	2.50
5	1.6	30.5	53.3	100.3	0.565	5.85	1.45	1.09

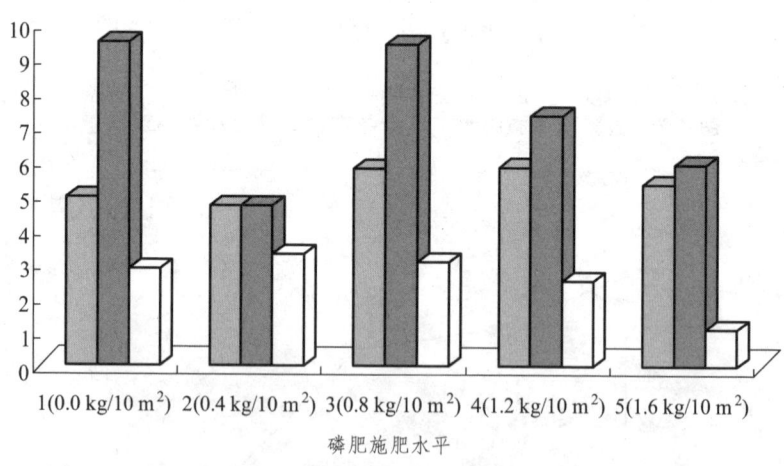

图 4.9　磷肥不同施肥水平下款冬花的单株性状和小区产量

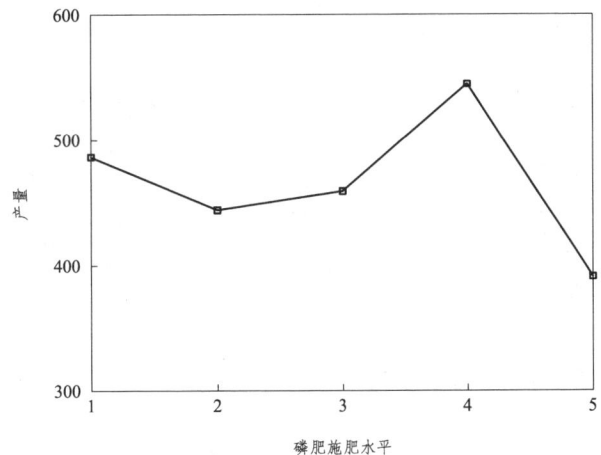

图 4.10 磷肥不同施肥水平下款冬花的小区产量（第一次）

4. 钾肥对款冬花产量和生物量分配的影响

试验结果如表 4.20、图 4.11 和图 4.12 所示。

表 4.20 钾肥不同施肥水平对款冬花单株性状和小区产量的影响

序号	钾肥施肥水平 / （kg/10 m^2）	鲜重/g	粒数	全株 鲜重/g	每粒 花重/g	款冬花所 占生物量 比例/%	小区 产量/kg	折算 产量/kg
1	0.0	24.9	45.0	68.4	0.562	27.7	0.95	1.71
2	0.15	27.5	50.0	86.8	0.561	25.5	1.05	2.17
3	0.30	23.6	47.9	97.9	0.511	21.6	1.43	3.03
4	0.45	30.1	51.9	87.4	0.589	27.2	1.65	3.05

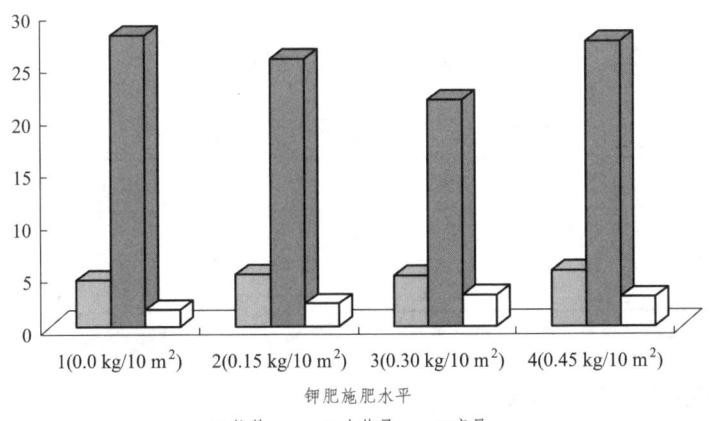

图 4.11 钾肥不同施肥水平下款冬花的单株性状和小区产量

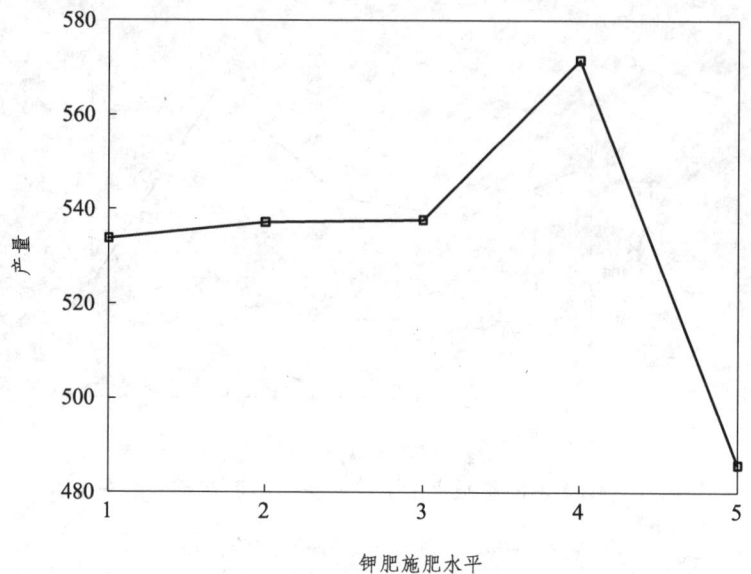

图 4.12　钾肥不同施肥水平下款冬花的小区产量（第一次）

4.3.1.4　其他肥效试验

1. 底肥对款冬花的影响试验

款冬花移栽时一般每亩施有机肥 1 500 kg。如果在冬季移栽，每亩可加施过磷酸钙 20～30 kg；如果在春季移栽，每亩可加施尿素 5 kg、过磷酸钙 20 kg、硫酸钾 5～8 kg。本试验每处理设 3 次重复，小区面积 10 m^2，随机排列。试验研究结果如表 4.21 所示。

注意：有机肥必须腐熟，以杀死杂草种子，避免有机肥在土中发酵，造成款冬烂根和病害。

表 4.21　款冬施底肥和不施底肥试验比较

试验处理	产量/（kg/10 m^2）（鲜）
施底肥	2.78
不施底肥	2.12

结论：施底肥可增产 31.1%，因此生产上款冬栽培时应该施用底肥。

2. 款冬花施追肥试验

款冬追肥可仍以农家肥为主，配合施加适量化学肥料。在移栽后 2～3

个月内，款冬生长缓慢，对营养的吸收能力较弱，可薄施腐熟的人畜粪和尿素、碳酸氢铵，根据需要可适当增加施肥次数。随后进入生长旺盛期，款冬很快封行，生长根茎部开始出现老黄叶、病叶，此时应控制氮肥的施用，注意多施磷、钾肥。根据试验结果（表 4.22、图 4.13），现将施肥次数、时间及数量分述如下：

追肥时间和次数：款冬花 4 月上旬出苗展叶后，到 7 月生长前期可追第一遍肥（可根据生长情况酌情多施 1~2 次），然后在 8 月下旬或 9 月上旬追施第二遍肥，10 月追施第三遍肥。

表 4.22　施肥次数对款冬花单株性状和小区产量的影响

施肥次数	鲜重/g	粒数	全株鲜重/g	每粒花重/g	款冬花所占生物量比例/%	小区产量/kg
2	7.5	27.8	61.0	0.425	8.46	1.55
3	12.4	33.3	72.1	0.525	11.32	2.50
4	16.2	35.4	85.7	0.545	16.34	3.15
5	12.1	48.5	101.7	0.501	13.13	3.30

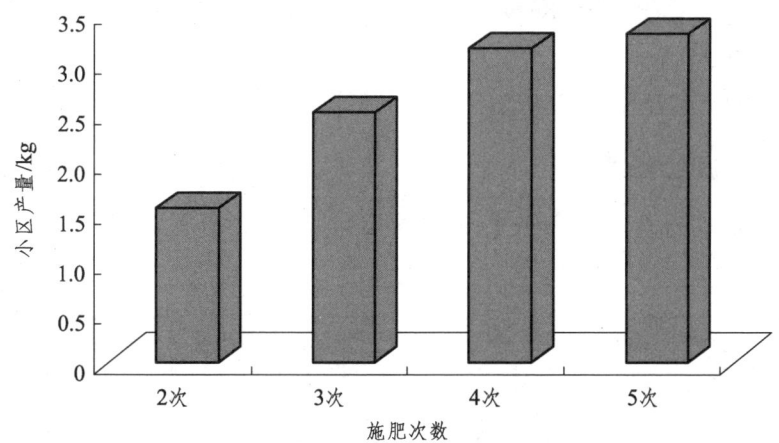

图 4.13　施肥次数对款冬花单株性状和小区产量的影响

说明：

（1）本试验移栽时间为春季，施肥次数为追肥次数+1 次底肥。

（2）各次数施肥时间：2 次：底肥、8 月；3 次：底肥、7 月和 9 月；4 次：底肥、6 月、8 月和 10 月；5 次：底肥、6 月、8 月、9 月和 10 月。

（3）各处理施肥量相同，即每小区（10 m²）施有机肥 15 kg、尿素 0.2 kg、过磷酸钙 0.6 kg、硫酸钾 0.2 kg。

追肥方法：生长前期，采用以水代肥法，将肥按所需浓度溶于水中，直接把肥液灌到地面的款冬花行中间每窝中，每窝灌肥液约 1 kg，每窝扎灌深度 10 ~ 15 cm。生长后期（9 月以后），于株旁开沟或挖穴施入，施后用畦沟土盖肥，并进行培土，以保持肥效。避免花蕾长出地面，生长细弱，影响款冬花质量。

追肥量：4 月上旬出苗展叶后，生长前期（7 月前）应清薄施追肥，以免生长过旺，易罹病害，可每亩施清粪水 1 000 kg 和尿素 10 kg。生长后期要加强肥水管理，9 月上旬，每亩追施火土灰或堆肥 1 000 kg 和尿素 5 kg、过磷酸钙 15 kg、钾肥 5 ~ 8 kg；10 月，每亩再追施堆肥 1 200 kg 与过磷酸钙 15 kg、钾肥 5 ~ 8 kg。

4.3.2　因子施肥试验（综合施肥试验）

4.3.2.1　试验方法

小区面积 10 m²，设 5 个处理，3 次重复，随机排列，密度常规。

A1：施有机肥 1 500 kg/亩；A2：不施有机肥。

B1：N 90 g、P 50 g、K 33 g；B2：N 272 g、P 150 g、K 95 g；B3：N 455 g、P 250 g、K 159 g。

小区排列：A1B1、A2B1、A1B2、A2B2、A1B3、A2B3。

4.3.2.2　试验结果

试验结果如表 4.23 和图 4.14 所示。

表 4.23　因子施肥对款冬花粒重、粒数和小区产量的影响

处理	粒数	粒重/g	粒数	粒重/g	粒数	粒重/g	粒数	粒重/g	小区产量/g
A1B1	22	9	22	13	38	18	35	16	1 250
A1B2	48	34	46	22	22	9	30	26	1 600
A2B2	24	14	47	23	28	11	16	7	650
A2B1	30	10	40	22	37	19	35	20	1 150
A2B1	36	16	35	15	32	16	36	14	1 400
A1B2	23	12	30	14	24	12	34	20	1 150
A1B3	51	25	84	44	63	39	45	18	610

续表 4.23

处理	粒数	粒重/g	粒数	粒重/g	粒数	粒重/g	粒数	粒重/g	小区产量/g
A2B3	42	20	55	23	38	15	47	23	1 050
A1B1	36	17	52	17	56	22	109	41	1 100
A1B3	65	41	88	42	86	37	41	22	930
A1B3	48	22	30	14	34	13	91	57	650
A2B2	56	26	58	20	52	20	40	18	610
A2B3	67	36	40	18	48	24	73	35	800
A2B1	44	15	22	10	51	20	27	12	1 040
A2B2	45	25	45	20	47	16	32	14	1 080
A1B2	35	17	78	42	56	39	65	27	660
A2B3	16	7	34	19	34	19	73	35	750
A1B1	40	12	42	19	45	22	50	20	1 420

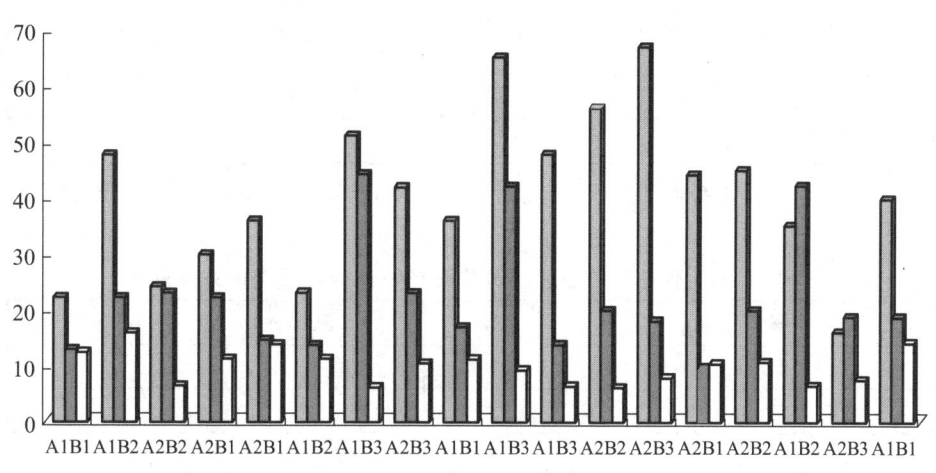

图 4.14　因子施肥对款冬花粒重、粒数和小区产量的影响

统计分析结果见表 4.24 至表 4.26。

表 4.24　款冬花的粒数与肥料的种类、数量相关分析

粒数			
Duncan（a）	处理	Subset for alpha = 0.05	
		1	2
A2B1	4	35.416 667	
A2B2	5	40.833 333	
A1B2	2	40.916 667	
A1B1	1	45.583 333	45.583 333
A2B3	6	47.25	47.25
A1B3	3		60.5

　　可见，处理 3 与 2、5、4 有显著性差异（$P<0.05$），处理 3、6、1 之间没有差异。

表 4.25　款冬花的粒重与肥料的种类、数量相关分析

粒重/g	处理	Subset for alpha = 0.05	
		1	2
Duncan（a）	4	15.75	
	5	17.833 333	
	1	18.833 333	
	2	22.833 333	
	6	22.833 333	
	3		31.166 667

　　可见，处理 3 与其他处理有显著性差异（$P<0.05$），其他处理间没有显著性差异。

表 4.26　款冬花的小区产量与肥料的种类、数量相关分析

小区产量/kg	处理	Subset for alpha = 0.05	
Duncan		1	2
3	3	730	
5	3	780	780
6	3	866.666 7	866.666 7
2	3	1 136.666 7	1 136.666 7
4	3	1 196.666 7	1 196.666 7
1	3		1 256.666 7

可见，处理 1 与处理 3 有明显差异（$P<0.05$）。

4.3.2.3 结果与分析

（1）款冬花的粒数与肥料的种类、数量密切相关，与施有机肥和不施有机肥有密切关系。当施有机肥，且化肥的施用量大时，款冬花的粒数最多，与不施有机肥且化肥施用量小的处理有显著性差异（$P<0.01$），说明有机肥能显著增加款冬花的粒数。

（2）款冬花的粒重与肥料的种类、数量密切相关。当施有机肥，且化肥的施用量大时，款冬花的粒重最重，与不施有机肥且化肥施用量小的处理有显著性差异（$P<0.05$），说明有机肥能显著增加款冬花的粒重。

（3）款冬花的小区产量与肥料的种类、数量密切相关。当施有机肥，且化肥的施用量较小时，款冬花的小区产量最大，与不施有机肥且化肥施用量大的处理有显著性差异（$P<0.05$），说明有机肥能显著增加款冬花的产量。

4.3.3 生长调节剂试验

4.3.3.1 试验方法

选择 7 种生长调节剂在款冬花生长发育过程中施用，研究其对款冬花的产量、品质的影响。

小区面积 10 m^2，设 5 个处理，3 次重复，随机排列。

A 植物基因活化剂：1 ~ 2 g 兑水 500 mL，施 3 小区。

B 国光比九：2 g 兑水 500 mL，施 1.5 小区。

C 矮壮素（国光）：6 mL 兑水 500 mL，施 3 小区。

D 赤霉素（10%，5/万）：1 包兑水 200 mL，施 1 小区。

E 开花素：1 ~ 2 g 兑水 500 mL，施 3 小区。

F 多效唑：2 ~ 3 g 兑水 500 mL，施 3 小区。

G 云大 120：2 ~ 3 g 兑水 500 mL，施 3 小区。

H：空白试验。

4.3.3.2 试验结果

植物开花受内源激素的种类和比例影响，外源激素（生长调节剂）可以调控植物的花芽分化的时间和数量，为此，我们进行了植物生长调节剂对款冬花产量和单株性状影响的研究，结果见表 4.27。

表 4.27　不同激素水平对款冬花单株性状和小区产量的影响

激素种类	鲜重/g	粒数	全株鲜重/g	每粒花重/g	款冬花所占生物量比例/%	小区产量/kg	折算产量/kg
Ha	16.7	34.2	127.6	0.485	13.23	0.66	1.66
Hb	22.9	37.2	99.7	0.613	19.95	1.03	2.28
Hc	17.1	34.4	108.5	0.511	16.42	0.55	1.32
Hc 1 次	25.4	48.8	136.0	0.526	15.76	0.31	1.76
Hd	13.5	38.8	97.2	0.416	14.58	0.53	0.76
He	15.1	31.1	91.1	0.476	15.90	0.70	1.07
Hf	18.4	34.7	84.3	0.536	20.15	0.59	1.42
Hg	19.6	36.1	93.2	0.538	18.85	0.89	1.08
Hg 1 次	22.6	40.4	117.3	0.557	17.85	0.85	1.94
Hh	10.0	21.9	88.2	0.474	14.19	0.28	0.63

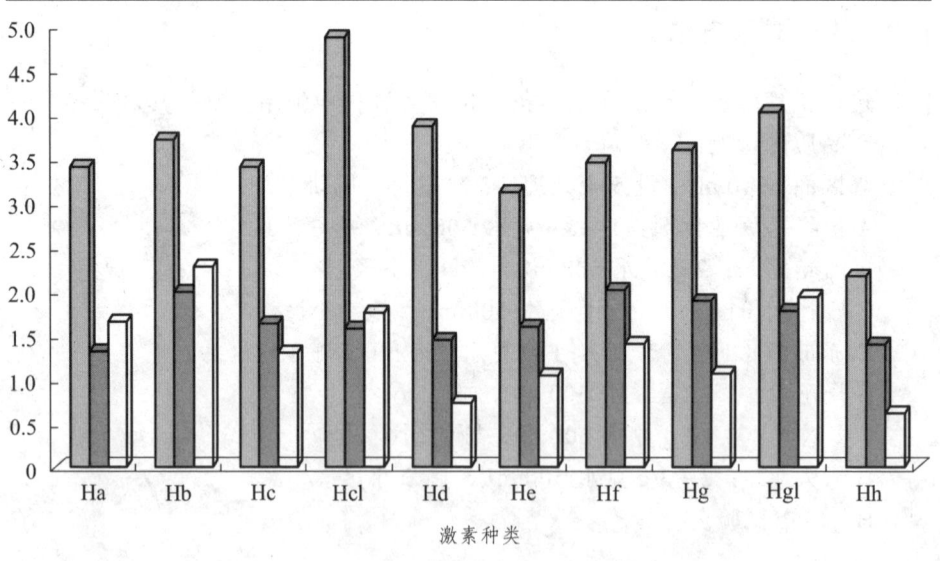

图 4.15　不同激素水平下款冬花的单株性状和小区产量

统计分析结果见表 4.28、表 4.29。

表 4.28　款冬花的粒重与激素处理相关分析

粒重/g			
激素处理	N	Subset for alpha = 0.05	
Duncan		1	2
7	3	12	
4	3	15	
9	3	15.666 667	
8	3	16.666 667	
5	3	18.333 333	
6	3	22.333 333	22.333 333
1	3	27.666 667	27.666 667
3	3		38.333 333
2	3		39

可见，处理 2、3 与 7、4 有显著性差异（$P<0.05$），处理 2、3、1、6 之间没有差异。

表 4.29　款冬花的产量与激素处理相关分析

产量/kg			
激素	N	Subset for alpha = 0.05	
Duncan		1	2
4	3	713.333 33	
7	3	920	920
3	3	946.666 67	946.666 67
8	3	1 063.333 3	1 063.333 3
6	3		1 100
9	3		1 120
1	3		1 206.666 7
2	3		1 216.666 7
5	3		1 240

可见，处理 1 与 6、9、1、2、5 有显著性差异（$P<0.05$），处理 4、7、3、8 之间没有差异。

4.3.3.3　结果分析

（1）植物激素对款冬的粒重有直接影响，其中国光比九、矮壮素能显著增加款冬花的粒重（$P<0.05$）。

（2）植物激素对款冬的产量有直接影响，其中矮壮素、云大 120、国光比九、植物基因活化剂能显著提高款冬花产量（$P<0.05$），其他生长调节剂也有较强的作用。

（3）赤霉素能减少款冬花产量。

4.3.4　植株调整和田间管理试验

4.3.4.1　植株调整

款冬在生长旺盛期，植株伸展幅度较大，植株间叶片相互重叠，因此，疏叶是款冬花田间管理的一项重要内容。

6～8 月为款冬花盛叶期，叶片过于茂密，会造成通风、透光不良，影响花芽分化和易罹病虫害。因此，要翻除重叠、枯黄和感染病害的叶片，每株只留 3～4 片心叶即可，以提高植株的抗病能力，多分化花芽，提高产量。

不疏叶、疏叶（留 3～4 片心叶）的试验研究，每处理 3 个小区，随机排列，试验结果见表 4.30。

表 4.30　款冬疏叶和不疏叶试验比较

试验处理	产量/（kg/10 m²）（鲜）
疏叶	2.96
不疏叶	2.02

从表 4.30 可看出，疏叶后款冬花产量明显高于不疏叶。

4.3.4.2　中耕除草与培土

款冬一般种植在海拔 1 100 m 以上的地方，这些地方容易滋生杂草。在 4 月上旬款冬出苗展叶后，结合补苗，进行第 1 次中耕除草，此时苗根生长缓慢，应浅松土，避免伤根；在 6～7 月进行第 2 次，苗叶已出齐，根系生长发育良好，中耕可适当加深；于 9 月上旬进行第 3 次，此时地上茎叶已逐渐停止生长，花芽开始分化，田间应保持无杂草，可避免养分无谓消耗。中耕除草时间和次数应根据款冬生长情况和杂草危害程度具体确定。

款冬的花生长在茎干上，花芽分化由下逐渐向上，加之款冬茎干离地生长，款冬茎干上半部的花芽就会露出地表，露出地表的款冬花苞片会变青、变绿，严重影响款冬花的品质。培土是在款冬生长后期，即在 9 月和 10 月间，结合款冬花施肥和中耕除草进行，将茎干周围的土培于款冬窝心。培土时要注意撒均匀，每次培土以能覆盖茎干为宜，用于培土的土壤要求透气性较好。

4.3.5 结 论

从表 4.17 可以看出，款冬花各性状在有机肥不同施肥水平间存在差异，方差分析表明，各处理性状差异达到显著水平（$P<0.05$），在施肥水平 3（$40 \text{ kg}/10 \text{ m}^2$）以内，单株款冬花鲜重、款冬花全株鲜重、每粒花重等性状随着有机肥施用量的增加而增加，款冬花经济产量分配比例随着有机肥施用量的增加呈下降趋势。回归和相关分析表明，款冬花粒数、全株鲜重、每粒花重和款冬花所占生物量比例共同对单株款冬花鲜重的决定作用达 0.988，差异达极显著水平。小区平均产量以处理 3 最高。随着有机肥施用量的增加，款冬花生物量呈增加趋势，但生物量分配与肥料用量不成比例，因此，如何控制肥料对款冬花生物量的分配最经济值得深入研究。

两年的试验结果表明，施尿素量在 6.5 kg·亩$^{-1}$ 以内时，随着施肥量的增加，产量及其他性状有增加趋势。若施尿素量大于 8 kg·亩$^{-1}$（按含氮量计算），则随着施用氮肥量的增加，大多数性状指标呈递减趋势，如图 4.16 所示。该试验表明，生产上款冬花氮肥施用量不能大于 8 kg·亩$^{-1}$（按含氮量计算），并且应做到勤施薄施，才有利于款冬花生长。

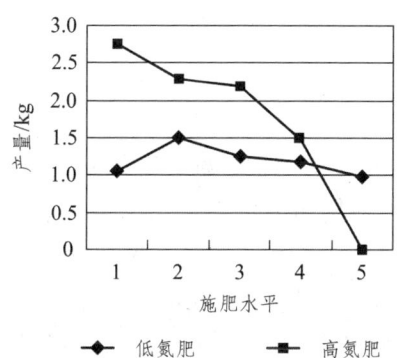

图 4.16 不同氮肥水平试验款冬花产量

磷肥主要促进植物的根茎和生殖生长。从表 4.19 中数据可以看出，单株款冬花鲜重、款冬花粒数、每粒花重及小区产量等能反映款冬产量的直接性状均有较高值，在施肥低于 0.8 kg/10 m^2（53 kg·亩$^{-1}$）时，随着施肥量的增加，这些性状呈增加趋势；施肥量大于 0.8 kg/10 m^2 时，产量开始降低，其他性状的数值也呈递减趋势。

多重比较分析表明，施肥水平 1、4、5 的差异不显著，与施肥水平 2、3 的差异显著。本试验结果认为，磷肥的适宜施用量在 55～75 kg·亩$^{-1}$。

钾肥主要促进植物的根茎和生殖生长，增强植株的抗逆能力。试验中钾肥用氯化钾，以施肥水平 3 处理的产量最高。多重比较分析表明，产量与其他处理的差异达显著水平，其他性状呈不规律变化，其原因尚需进一步研究。

作物生长需要氮、磷、钾等大量元素，本试验根据款冬的营养生理特性，设计了不同水平的氮、磷、钾三种肥料试验。试验结果表明，款冬生长发育需要一定量的氮、磷、钾肥，表现出喜磷、钾肥特性，对氮肥的需求量较小。不同种类的肥类和施肥水平对产量的影响见图 4.17。

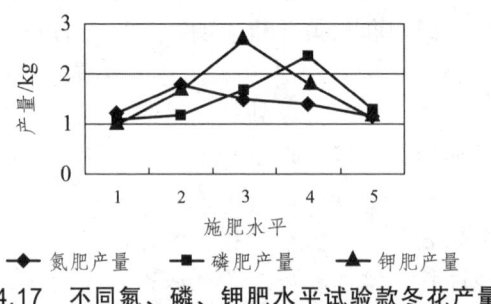

图 4.17　不同氮、磷、钾肥水平试验款冬花产量

款冬花粒数、每粒花重和款冬花所占生物量比例能直接反映款冬的经济产量，氮肥对款冬花蕾粒数增多不利，磷、钾肥能明显提高款冬花蕾数量，因此，建议生产上应适当增施磷、钾肥，特别是在巫溪县境内土壤磷素含量较低的情况下，应加强磷肥的施用。

以腐熟的农家肥为底肥能显著增加款冬花的产量；增加追肥次数也能提高款冬花的产量。

施肥有利于提高款冬花的产量，钾肥和磷肥对提高款冬的产量更明显，氮肥和有机肥次之。在本试验土壤条件下，获得款冬高产的施肥量是氮肥（尿素，含 N 46%）：6.5 kg·亩$^{-1}$，过磷酸钙（含 P_2O_5 11%）：53 kg·亩$^{-1}$，氯化钾 10 kg·亩$^{-1}$，农家有机肥 2 600 kg·亩$^{-1}$。

传统认为款冬为"懒庄稼"、不施肥的观念应该改变，施肥种类和数量应根据种植款冬的土壤地质背景和营养元素含量具体确定。

4.4 款冬花的病虫害及其防治

款冬花的病虫害防治应坚持"预防为主，综合防治"的方针。优先采用农业措施和生物防治方法，能不用药尽量不用药，能用生物农药尽量不用化学农药。在必须使用化学农药时，严格执行《中华人民共和国农药管理条例》和《中华人民共和国农业部第 199 号公告》以及《中华人民共和国绿色食品的农药使用原则》的规定，选择性使用高效、低毒、低残留的农药品种，从严掌握用药剂量和用药安全期，做到既控制病虫害的危害，又不降低款冬花的品质，避免农药残留及其他污染对款冬花品质的影响。款冬花的病虫害防治根据款冬生产调查等结果而制订。

4.4.1 病 害

4.4.1.1 褐斑病（Rhizoctonia Solani Kuhn）

症状：叶片病斑大小不等，一般病斑圆形或椭圆形，直径 1 ~ 10 mm，灰褐色，病斑中央略凹陷，褐色，变薄，边缘有紫红色的病斑，有光泽，病斑与健康组织的交界明显，较大病斑表面可出现轮纹，高温高湿时可产生黄色至黑褐色霉层，严重时叶片枯死。

病害发生发展：病害由一种长蠕孢菌侵染所致，病菌主要来源于土壤中的病残体。越冬病菌在气候条件适宜时即可产生繁殖体，借气流传播到植株表面，从气孔侵入，也可通过皮孔或伤口侵入。在 25 ~ 28 ℃、高湿度条件下，病菌从侵入到发病仅需 2 ~ 3 d。一般在高温高湿地区和梅雨季节发病普遍而严重。此外，土壤含水量大、种植过密、通风透光差、肥料不足、植株生长衰弱时，都易诱发此病。不同品种之间由于抗病性差异，也表现出发病程度不同。

防治时间：7 ~ 8 月。

防治方法：

农业防治：（1）采收后清洁田园，集中烧毁残株病叶；

（2）雨季及时疏沟排水，降低田间湿度；

（3）与其他作物实行轮作；

（4）及时疏叶，摘除病叶，增强田间的通风、透光性，提高植株的抗病能力。

化学防治：发病初期喷 1：1：100 波尔多液，或 65%代森锌 500 倍液，或 75%百菌清可湿性粉剂 500～600 倍液，或 50%多硫悬浮剂 500 倍液，或 36%甲基硫菌灵悬浮剂 500 倍液，或 50%混杀硫悬浮剂 500 倍液，或 77%可杀得可湿性粉剂 400～500 倍液，每 7～10 d 喷 1 次，连喷 2～3 次。

4.4.1.2 菌核病（Sclerotinia Sclerotiorum）

症状：该病多从植株基部或中下部较衰弱或积水的老黄叶片、花器开始侵染，病部初期多呈水浸状暗绿至污绿色不规则坏死，发病初期不出现症状，后期有白色菌丝渐向主茎蔓延，叶面出现褐色斑点，根部逐渐变褐，潮润，发黄，并散发出一股酸臭味，最后根部变黑色、腐烂，植株枯萎死亡。

病害发生发展：病菌以菌核或随病残体在土壤越冬。3～4 月份气温回升到 5～30 ℃，土壤湿润，菌核开始萌发，产生子囊盘和子囊孢子。菌核萌发适宜温度 5～15 ℃，高于 50 ℃时 5 min 即死亡。土壤中有效菌核数量对病害发生程度影响很大。空气湿度达 85%以上，病害发生严重，65%以下则病害轻或不发病。菌核病寄主范围很广，可危害 100 多种作物。

防治时间：6～8 月。

防治方法：

农业防治：（1）采收后清洁田园，集中烧毁残株病叶；

（2）雨季及时疏沟排水，降低田间湿度；

（3）及时疏叶，摘除病叶，增强田间的通风透光性，提高植株的抗病能力（以上同褐斑病）；

（4）中耕培土：在子囊盘盛发期中耕 1～3 次，可以切断大部分子囊盘，培土压埋子囊盘的作用更好。培土层越厚，灭菌效果越好，但要注意不影响款冬花的生长。

化学防治：发病初期进行药剂防治，可选用 40%施佳乐悬浮剂 800 倍液，或 65%甲霉灵可湿性粉剂 500 倍液，或 40%菌核利可湿性粉剂 400 倍液，或 50%农利灵可湿性粉剂 1 000 倍液喷雾，7～10 d 防治 1 次。

4.4.1.3 枯叶病（Alternaria Dauci）

症状：雨季发病严重，发病初期病叶由叶缘向内延伸，形成黑褐色、不规则的病斑，病斑与健康组织的交界明显，病斑边缘呈波纹状，颜色深，使叶片发脆干枯，最后萎蔫而死。

病害发生发展：枯叶病菌在病叶上越冬，翌年在温度适宜时，病菌的孢子借风、雨传播到寄主植物上，发生侵染。

防治时间：6~8月。

防治方法：

农业防治：发现后及时剪除病叶，集中烧毁深埋。

化学防治：发病初期或发病前，喷施1:1:120波尔多液，或50%退菌特1 000倍液，或65%代森锌500倍液，或40%多菌灵胶悬剂500倍液，或90%疫霜灵1 000倍液，每7~10 d喷1次，连喷2~3次。

4.4.2 虫 害

4.4.2.1 蚜虫（Aphis）

症状：以成虫、若蚜群聚在寄主植物的叶片、花蕾，刺吸式口器刺入受害苗株吸取汁液，造成叶片发黄、皱缩，卷曲成团、停滞生长，叶缘向背硬面卷曲萎缩，严重时全株枯死。

防治时间：5~9月。

防治方法：

农业防治：收获后清除杂草和残株病叶，消灭越冬虫口。

化学防治：发生时，喷施40%乐果3000倍液，或50%灭蚜松乳剂1 500倍液，连喷数次。

4.4.2.2 蛴螬（Grub）

症状：取食作物的叶片、花，幼虫取食款冬幼苗，咬断幼苗根茎，使植株全株死亡，严重时造成缺苗断垄。

防治时间：6~8月。

防治方法：

农业防治：（1）深耕细耙。秋作物收割后或冬前深耕。可将部分成虫、幼虫翻至地表，使其风干、冻死或被天敌捕食、机械杀伤等，在耕翻时随机拾虫也能起到很好的防治效果。

（2）合理施肥。施用充分腐熟的有机肥，防止招引成虫飞入田间产卵。

（3）浇承整田。土壤含水处于饱和状态时，可影响蛴螬卵孵化和低龄幼虫成活；及时清除田间及地边杂草，消灭虫类的栖息场所，可有效控制成虫数量。

（4）人工捕杀。发现作物被害可挖出根际附近的幼虫；利用成虫的假死性，可在其停落的作物上捕捉或震落捕杀；在 6 月下旬蛴螬发生盛期，每天黄昏后直接人工捕虫，也能收到非常好的效果。

化学防治：（1）药剂灌根。在蛴螬发生较严重的田块，用 50%辛硫磷乳油 1 000 倍液，或 80%敌百虫可湿性粉剂 800 倍液，或 25%西维因可湿性粉剂 800 倍液灌根，每株灌 150 ~ 250 mL，可杀死根际附近的幼虫。

（2）喷药防治。幼虫出土期用 40%氧化乐果 700 ~ 800 倍液喷施在款冬花田中杂草上，隔 7 ~ 10 d 喷一次，连喷 2 ~ 3 次，效果良好；或用 48%乐斯本乳油 300 ~ 400 mL，兑水 800 ~ 1 000 倍，喷湿地表或浇地时随水施入，防治效果更好。

4.5 收获加工试验

4.5.1 收获时间研究

立冬后土未封冻前是款冬花的收获时节。因为此时地上部分已经枯萎死亡，花芽已分化完毕且停止生长，花蕾的含水量较少，产量较高。过早采收，因花蕾还未完成生长，其苞片未呈紫色（白色），影响产量和品质；过迟采收，土已封冻，不便采收。到第 2 年土壤解冻后采挖（2 月中下旬），已有部分（每株有 1 ~ 2 个花蕾）开放。收获时间研究试验结果见表 4.31。可见，应控制好采挖时间。

表 4.31 不同收获时间对款冬花单株性状和小区产量的影响

收获时间	鲜重/g	粒数	全株鲜重/g	每粒花重/g	款冬花所占生物量比例/%	小区产量/kg	折算产量/kg
11 月	32.4	53.5	108.5	0.548	25.2	2.48	0.31
12 月	34.2	56.8	110.3	0.587	27.6	2.75	0.44
2 月	35.1	53.9	107.8	0.561	26.8	2.82	0.27
3 月	26.9	41.2	90.7	0.547	22.8	2.54	0.18

4.5.2 收获方法

收获工具主要有锄头、撮箕、背篓等。款冬花采收要做到精挖细收，土里尽量不留款冬花，从茎干上摘下花蕾，放入竹筐内，不能重压，不要水洗，否则花蕾干后变黑，容易腐烂，影响药材品质。因款冬花不能水洗，采挖时应选择晴天，泥沙易抖落。

4.5.3 加　工

加工设备：干燥炕或烘箱、笆篓、晒席等。

花蕾采后立即薄摊于通风干燥处晾干，经 3～4 d，水汽干后取出，筛去泥土，除净花梗，再晾至全干即可。遇阴雨天气，用木炭或无烟煤以文火烘干，温度控制在 40～50 ℃。烘干时，花蕾不宜摊放太厚，5～7 cm 即可，时间也不宜太长，而且要少翻动，以免破损外层苞片，影响药材商品品质。

有研究表明，款冬花直接用硫黄熏后，经过烘炕、晾晒再复炕，花蕾饱满、色泽鲜艳，且易于保存；水洗后款冬花干缩瘦小，容易腐烂[21]。

4.6　结　论

经过 3 年 2 次收获期的款冬花规范化栽培试验研究，我们得出以下结论：

（1）巫溪县 34 个乡镇水样中的汞、镉、砷、铅、铬、氯化物、氟化物、氰化物、pH、细菌总数、大肠杆菌均在国家规定的标准之内，水质符合地表水环境质量标准（GB3838—2002）一级标准。巫溪县 34 个乡镇的大气检测，重点检测 SO_2、TSP、NO_x、氟化物等，均在国家规定的标准之内，大气质量符合环境空气质量（GB3095—1996）二级标准。巫溪县 8 个乡镇的土壤中 As、Pb、Cd、Hg、Cr、Cu 检测结果，除部分乡镇的镉超标外，其余重金属、有害元素都在国家规定的标准范围内。

（2）巫溪全县有水稻土、潮土、紫色土、黄壤、黄棕壤、石灰岩土、山地棕壤七个土类，其中海拔 200～1 300 m 的黄壤、海拔 1 300～2 100 m 的黄棕壤是栽培款冬较多的土壤。其中灰包土是最适宜款冬栽培的土壤，其种植的款冬鲜重、粒数、全株鲜重、每粒花重、款冬花所占生物量的比例、小区产量、干重常量等指标均比其他类型的土壤好，有显著的差异。款冬土壤中富钾、缺磷，氮肥含量中等，可以根据其土壤的实际情况进行施肥。

（3）款冬的栽培试验表明：坡度对款冬花的生长和产量有较大的影响，种植款冬花的土壤坡度以 25°内为宜。款冬的适宜栽培密度为 4 500～5 000 株/亩。款冬最适宜移栽时间为 2 月下旬至 3 月下旬和冬季土壤未封冻前，条播、窝播无明显差异。款冬不宜连作，与玉米、马铃薯、向日葵等轮作，能很好地克服款冬花的连作障碍。增施底肥、追肥能提高款冬花的产量。

（4）单一肥效试验表明：随着有机肥施用量的增加，款冬花生物量呈增加趋势。复合施肥试验证明，有机肥能显著增加款冬花的粒数，显著增加款冬花的粒重，显著增加款冬花的产量。因此，增施有机肥可以显著提高款冬花的产量，有机肥施用量以 2 600 kg·亩$^{-1}$为好。

（5）氮肥试验证明，施尿素在 6.5 kg·亩$^{-1}$以内时，随着施肥量的增加，产量及其他性状有增加趋势；随着施用氮肥量的增加，大于 8 kg·亩$^{-1}$（按含氮量计算）时，大多数性状指标呈递减趋势，因此，氮肥应做到勤施薄施，这样才有利于款冬花生长。氮肥施用量（尿素，含 N 46%）：以 6.5 kg·亩$^{-1}$为好。

（6）磷肥在低于 53 kg·亩$^{-1}$时，随着施肥量的增加，单株性状和产量呈增加趋势；施肥量大于 80 kg·亩$^{-1}$时，产量开始降低，其他性状的数值也呈递减趋势。磷肥的适宜施用量为 55～75 kg·亩$^{-1}$。

（7）钾肥在低于 0.3 kg/10 m^2 时，随着施肥量的增加，产量呈增加趋势；施肥量大于 0.3 kg/10 m^2 时，产量开始降低。钾肥的适宜施用量（氯化钾）为 10 kg·亩$^{-1}$。

（8）生长调节剂试验表明，国光比九、矮壮素能显著提高款冬花的粒重；矮壮素、云大 120、国光比九、植物基因活化剂能显著提高款冬花产量。

附件 款冬花生长环境调查表

1. 款冬花小气候观察记录表

观察记录人： 记录时间：

名　　称	记　录　内　容		备　　注
气　象　资　料	1. 年平均气温/°C		
	2. 最高绝对气温/°C		
	3. 最低绝对气温/°C		
	4. 无霜期/d		
	5. 年光照时数/h		
	6. 年活动积温/°C		
	7. 年降雨量/mm		
	8. 海拔/m		
	9. 日光强度		

2. 款冬花移栽选地记录表

记录人： 时间：

名　　称	记　录　内　容		备　　注
栽培地遴选	1. 海拔/m		
	2. 坡度/°		
	3. pH		
	4. 土壤类型		
	5. 面积/km^2		
土壤质量	1. 土壤质量标准		
	2. pH		
	3. 土壤营养状况		

3. 款冬花移栽记录表

记录人：　　　　　　　　　时间：

名　　称	记　　录　　内　　容		备　　注
移栽种根质量	1. 根长/cm		
	2. 根直径/cm		
移栽	1. 时间		
	2. 整地方式		
	3. 栽植株行距/cm		
	4. 栽培方式		
	5. 移栽成活率/%		
基肥	种类及数量		
补植苗	1. 时间		
	2. 用苗数量		

4. 款冬花田间管理记录表

记录人：　　　　　　　　　时间：

名　　称	记　　录　　内　　容		备　　注
除草	时间		
打叶	时间		
施追肥	1. 时间		
	2. 肥料品种、数量		
	3. 施用方法		
培土	时间		
每年生长时间	1. 发芽日期		
	2. 倒苗日期		
采收期	1. 时间		
	2. 产量/kg·亩$^{-1}$		
病虫防治	1. 时间		
	2. 用农药品种、剂量		
	3. 施用次数		
	4. 防治方法		

5. 款冬花加工运贮记录表

记录人：　　　　　　　　　时间：

名　　称	记　　录　　内　　容	备　　注
初加工	1. 收获至加工的间隔时间	
	2. 去杂方式	
	3. 产成品含水量/%	
	4. 成品质量/kg	
	5. 折干率/%	
包　　装	1. 包装物	
	2. 包装方法	
	3. 内外包装（记录、标签）	
贮　　运	1. 贮库条件	
	2. 入库时间	
	3. 运输条件	

6. 款冬花质量检验检测记录表

记录人：　　　　　　　　　时间：

名　　称	检验检测内容	备　　注
性状与鉴别		
杂质		
水分		
总灰分		
多糖含量		
款冬花苷含量		
农药残留		
质量评价		
微生物指标		

7. 款冬花采种贮藏记录表

记录人：　　　　　　　　时间：

名　称	记　录　内　容		备　注
种根来源	1. 品名	款冬花	
	2. 自选采收		
	3. 基地内调		
	4. 基地外购买		
种根质量	1. 采收时间		
	2. 采收方法		
	3. 病虫害		
种根贮藏	1. 时间		
	2. 方法		

5 款冬花质量研究

中药材质量标准的研究主要包括药材来源、性状鉴定、显微鉴定、常规检查项目的鉴别、化学成分的确定和含量测定、药材指纹图谱等方面的研究。

款冬花为菊科植物款冬（*Tussilago farfara* L.）的干燥花蕾。主产于甘肃、陕西、河北、重庆等地。菊科植物的化学成分和药理作用非常广泛，受到了国内外的关注[20]。现行质量标准［《中国药典》（2010 年版）］仅规定了药材性状鉴别，不能有效控制药材质量。为了科学评价款冬花的质量，我们首先对重庆市巫溪县境内 9 个不同产地的款冬花进行了鉴别（水分，灰分、酸不溶灰分，浸出物，农药残留量，重金属，微生物限度等指标的检查）；同时收集了河北栽培品、陕西栽培品与野生品，成都荷花池药材市场、重庆药材市场、巫溪栽培品以及 5 个不同采收季节的款冬花 17 个样品，测量款冬花的主要有效成分款冬酮、金丝桃苷、芦丁的含量。为款冬花的质量控制提供了依据。

5.1 款冬花的常规鉴别研究

5.1.1 药材资源的收集

为了对款冬花的质量标准进行系统研究，作者收集了巫溪尖山等 9 个重庆市巫溪县的款冬花样品，做了常规鉴别研究。9 个不同产地药材见表 5.1。

表 5.1　不同产地款冬花试验样品及采收时间

样品编号	产地采收日期		样品编号	产地采收日期	
1	俞村乡王宗村	2005-12-08	6	徐家镇岔路村	2005-01-08
2	尖山镇大江村	2005-03-22	7	白鹿镇九营村	2005-12-11
3	尖山药农栽培	2005-03-22	8	下保镇平岗村	2005-12-12
4	尖山镇九狮坪	2005-12-12	9	双阳乡马塘村	2005-12-12
5	兰英乡金河村	2004-12-09			

5.1.2　药材的来源鉴别、性状鉴别和显微鉴别

药材的来源鉴别：见款冬花植物学研究。

生药材性状鉴别：见款冬花形态学研究。

显微鉴别：见款冬花组织学研究。

5.1.3　药材的理化鉴别

主要是薄层鉴别和黄酮鉴别，具体方法详见 5.2.1 和 5.2.2 小节。

5.2　款冬花检查项目的研究

为了制订准确的质量标准，保证款冬花的安全有效，本书首次对其检查项目做了规范研究，规定了款冬花的水分、灰分、酸不溶灰分、浸出物、农药残留、重金属、有害元素、微生物限度检查等质量标准要求。

5.2.1　薄层鉴别

分别取巫溪县不同产地的款冬花样品 1# ~ 9# 各 50 g，粉碎，过 20 目筛，

备用。分别取各样品粉末 1.0 g，各加乙醇 50 mL，回流 1 h，过滤，减压回收乙醇，残留物加甲醇 1 mL 溶解，并定容，摇匀，作为样品溶液。

另取芦丁对照品，加甲醇制成 1 mg·mL^{-1} 的溶液，作为对照品溶液，照薄层色谱法（《中国药典》附录Ⅵ B）试验。吸取供试品溶液各 5 μL，对照品溶液 2 μL，分别点于同一硅胶 G 薄层板上，用乙酸乙酯-甲酸-水（8∶1∶1）展开后，取出，晾干，各供试品色谱中在与对照品芦丁相应的位置上显相同的黄色斑点。

5.2.2　黄酮鉴别

取上供试品溶液各 2 μL，点于同一滤纸条上，喷洒 5%三氯化铝乙醇溶液，晾干后，黄色斑点于紫外荧光下显明显的亮蓝色荧光。

5.2.3　水分、灰分、酸不溶灰分和浸出物含量测定

水分：参照《中国药典》（2010 年版）附录Ⅸ H 水分测定法（烘干法）进行测定，分别测得不同产地的款冬花水分，结果见表 5.2。

灰分、酸不溶灰分：参照《中国药典》（2010 年版）附录Ⅸ K 灰分测定法进行测定，分别测得不同产地的款冬花灰分、酸不溶性灰分，结果见表 5.2。

浸出物：参照《中国药典》（2010 年版）附录Ⅹ A 浸出物测定法进行测定，分别测得不同产地的款冬花浸出物，结果见表 5.2。

表 5.2　不同产地款冬花水分，灰分、酸不溶灰分，浸出物含量测定

样品	水分/%	灰分/%	酸不溶灰分/%	浸出物/%
1	5.81	9.44	3.82	17.74
2	4.78	9.35	4.01	16.32
3	5.73	6.92	1.68	21.19

样品	水分/%	灰分/%	酸不溶灰分/%	浸出物/%
4	5.98	9.11	4.23	17.71
5	7.46	21.96	12.71	14.48
6	5.33	14.18	8.38	14.09
7	5.71	7.54	3.64	17.00
8	5.72	7.17	2.85	16.85
9	5.64	13.35	7.98	15.94

5.2.4 农药残留、重金属、As 的检测

农药残留：检测依据 GB/T 5009.19—2003 六六六（mg·kg^{-1}）、DDT（mg·kg^{-1}），1~9 号样品均不得检出。

重金属、有害元素 As，Pb，Hg，Cd，Cu 测定（mg·kg^{-1}）：药材样品处理：精密称取巫溪县不同产地款冬花粉末 0.20 g，于微波消解罐中加硝酸和过氧化氢（1∶2），微波炉中消解，冷却，转移至 10.0 mL 试管中，用去离子水定容，备用。

精密吸取 2.0 mL 上述溶液于 10.0 mL 试管中，加入硫脲-抗坏血酸混合溶液 1.0 mL，盐酸 0.75 mL，用去离子水定容，混匀，用于测定 As 元素；精密吸取 3.0 mL 于 10.0 mL 试管中，加入盐酸 0.75 mL，用去离子水定容，混匀，用于测定 Hg 元素；剩余的备用液转移至聚四氟乙烯坩埚中，在电热板上加热至近干，稍冷，加入 0.30 mL 盐酸和少许水，溶解，转移至 10.0 mL 试管中，冷却，加入 0.20 mL 草酸溶液，用去离子水定容，混匀，用于测定 Pb、Cd、Cr 元素。结果见表 5.3、图 5.1。

表 5.3　不同产地款冬花重金属、As 测定结果（n = 3）

样品号	含量/μg · g^{-1}				
	As	Pb	Hg	Cd	Cu
1	1.114	1.5	—	0.11	16.1
2	1.131	2.2	0.296	2.70	17.6
3	0.344	0.75	0.021	0.42	17.0
4	0.685	1.0	—	0.76	11.6
5	2.562	2.7	0.046	0.25	16.1
6	2.211	3.7	0.004 4	0.37	19.4
7	0.330	0.89	—	0.32	15.6
8	0.415	0.89	—	0.16	14.3
9	1.242	2.80	—	0.43	13.2

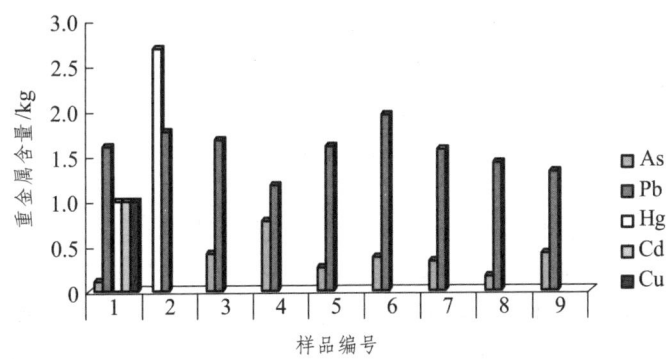

图 5.1　不同产地款冬花重金属、As 测定结果

5.2.5　微生物限度检查

依据《中国药典》（2005 年版）一部附录 XⅢ C 微生物限度检查法，分别测得不同产地药材中微生物含量，结果见表 5.4。

表 5.4　不同产地款冬花微生物限度测定

样品号	检验项目	检验结果	样品号	检验项目	检验结果
1	细菌总数	28 500	6	细菌总数	27 500
	霉菌总数	85		霉菌总数	70
2	细菌总数	29 500	7	细菌总数	27 800
	霉菌总数	95		霉菌总数	85
3	细菌总数	29 000	8	细菌总数	26 500
	霉菌总数	90		霉菌总数	90
4	细菌总数	29 800	9	细菌总数	29 600
	霉菌总数	95		霉菌总数	95
5	细菌总数	28 000			
	霉菌总数	90			

5.2.6　款冬花检查项目的试验结果分析

　　款冬花的水分测定结果为 4.78% ~ 7.46%，平均为 5.80%，所含水分较少，考虑到采收与储藏的因素，也考虑花类药材的共性，要求水分含量低于 10%；款冬花的灰分为 6.92% ~ 21.96%，平均为 11.00%，酸不溶灰分为 3.82% ~ 12.71%，平均为 5.78%，在不同的产地其灰分与酸不溶性灰分有一定的差异，表明各产地的款冬花纯度不同，杂质含量也有差异，应该注意在采收加工中除杂；9 批样品的浸出物含量为 14.09% ~ 21.19%，平均为 16.81%，表明其内在质量有一定的相似性。

　　款冬花的农药残留检查未检出高毒农药，首先是因为款冬花的产地多分布在海拔较高的山地，农药污染少；另外，也与药农的环保意识增强有关。款冬花的微生物检查中，9 批样品细菌数均接近 30 000、霉菌数接近 100，接近《中国药典》要求的上限，分析表明与其加工方法有一定的关系：药材采收后大多不清洗，直接干燥，土壤中的微生物直接带到药材中，造成微生物指标偏高。今后应加强对其微生物污染的控制。

　　As、Pb、Hg、Cd、Cu 的测定表明：As 的含量为 0.330 ~ 2.562 $\mu g \cdot g^{-1}$，平均为 1.115 $\mu g \cdot g^{-1}$；Pb 的含量为 0.89 ~ 2.7 $\mu g \cdot g^{-1}$，平均为 1.825 $\mu g \cdot g^{-1}$；Hg 的含量为 0.00 ~ 0.296 $\mu g \cdot g^{-1}$，有 5 个产地没有检出；Cd 的含量为 0.11 ~ 2.70 $\mu g \cdot g^{-1}$，平均为 0.613 $\mu g \cdot g^{-1}$，有一个产地含量较高；Cu 的含量为 11.6 ~

19.4 μg·g^{-1}，平均为 15.65 μg·g^{-1}。试验表明，重庆巫溪地区的中药材款冬花中重金属、有害元素等的含量较低，该产地款冬花质量较好，可以大规模种植。

5.3 款冬花黄酮类成分的测定与品质评价

中药的品质与其外观形态和内在质量有密切关系，外观形态部分在前面章节已有说明，本节就款冬花的内在质量做一些试验研究。款冬花主要含有黄酮类、萜类和生物碱类成分，文献报道[23]，款冬花的黄酮类成分有止咳、平喘、祛痰的作用[24]，还有较强的抗氧化作用[25]。故本研究首先用黄酮类成分做指标，测定不同栽培试验所得到的款冬花样品中黄酮类成分的含量，测定不同施肥种类、施肥量、不同栽培管理方式、不同激素等因素的影响下，款冬花所含的黄酮类成分的含量变化；考察不同栽培方式、不同施肥种类、施肥量、不同栽培管理方式、不同激素等对款冬花品质的影响，从而制订更加切实可行的款冬栽培模式，用科学的栽培模式控制款冬花的内在质量，进一步制订科学的款冬花质量标准，用来评价款冬花的品质，指导款冬的 GAP 生产和药材评价。

款冬花样品的收集与成分测定的方法学考察以及结果和结果分析如下：

5.3.1 仪器、药品与供试材料

仪器：Shimadzu LC-2010A（岛津）；（Shimadzu Class-vp 工作站）。

药品：对照品购自中国药品生物制品检定所；甲醇为色谱纯，水为高纯水，其他试剂为分析纯。

供试材料由作者分别采自巫溪 8 个 GAP 栽培试验点和一个药农自己的栽培品，由成都中医药大学万德光教授鉴定，为菊科植物款冬花（*Tussilago farfara* L.）的花蕾。不同产地样品见表 5.1。

5.3.2 试验方法与结果

用 HPLC 法测定黄酮类成分的含量。

5.3.2.1　色谱条件

迪马 C_{18} 柱，250 mm × 4.6 mm × 0.5 μm；流动相：甲醇-水（0.025 moL·mL^{-1}）、磷酸（40∶60），流速：1 mL·min^{-1}；波长：360 nm；柱温：室温。

芦丁理论塔板数不得低于 5 000。

5.3.2.2　对照品溶液的制备

精密称取（减压干燥）芦丁对照品 5.01 mg，置于 25 mL 容量瓶中，用甲醇溶解并稀释至刻度，摇匀，精密吸取 1 mL，置于 10 mL 容量瓶中，加甲醇制成 0.020 04 mg·mL^{-1} 溶液。

5.3.2.3　供试品溶液的制备

取款冬花样品粉碎（过 20 目筛），60 ℃ 干燥至恒重，分别精密称取上述样品各 1.0 g，置于索氏提取器中，加乙醇 65 mL，回流提取 3 h，过滤，减压回收乙醇，残留物加少量甲醇溶解，并定容于 2 mL 容量瓶中，摇匀，作为样品溶液备用。

对照品与供试品的 HPLC 图谱见图 5.2。

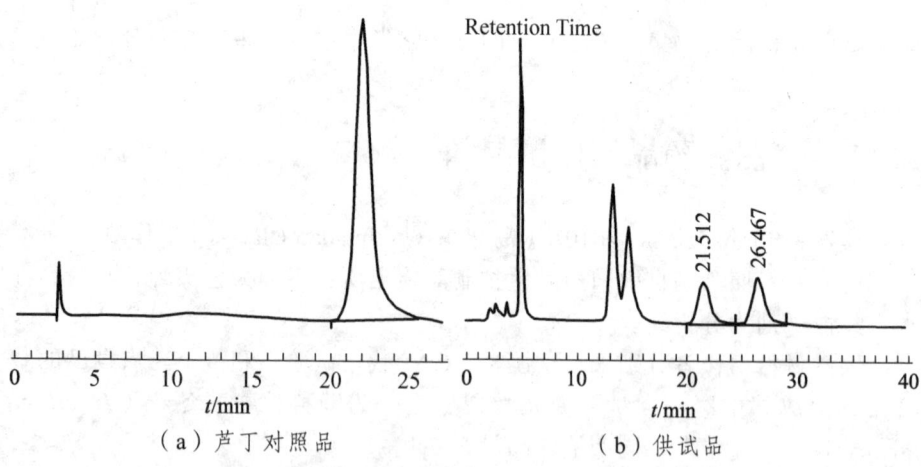

图 5.2　黄酮类成分的 HPLC 图谱

5.3.2.4　标准曲线的制作

精密吸取样品溶液 2，4，6，8，10，15，20，25 μL 进样测定，以峰面积

（Y）对样品进样量（X，μg）进行线性回归，得芦丁回归方程为 $Y = 6\,934.5X - 3\,365$，$r = 0.999\,9$，表明芦丁在进样量 $0.040\,08 \sim 0.400\,8$ μg 范围内呈良好的线性（图 5.3）。

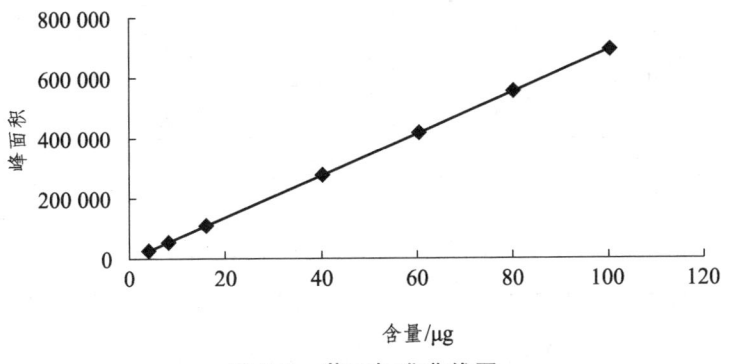

图 5.3　芦丁标准曲线图

5.3.2.5　稳定性试验

取供试品溶液，室温下每 6 h 进样分析 1 次，连续测定 5 次，芦丁平均峰面积的 RSD 为 1.4%。表明供试品溶液在 24 h 内稳定。

5.3.2.6　精密度试验

精密吸取上述 $0.020\,04$ mg·mL^{-1} 的对照品溶液，连续进样 5 次，每次 10 μL，芦丁峰面积的 RSD 为 1.01%。表明测定结果精密度良好。

5.3.2.7　重复性试验

分别精密称取同一批栽培款冬花 5 份，照 5.3.2.4 项下方法操作，测定峰面积并计算，得峰面积和黄酮类成分含量的 RSD 均小于 1.37%。

5.3.2.8　加样回收率

精密称取已知含量的同一批次样品 5 份，每份精密加入芦丁对照品溶液 1 mL（$0.020\,04$ mg·mL^{-1}），按 5.3.2.3 中方法制备供试品溶液，照上述方法测定；分别测得不同产地的款冬花样品加样回收范围在 97.80% ~ 102.8%（表 5.5）。

表 5.5　不同产地款冬花回收率

样品号	样品加入量/μg	样品测得量/μg	标样测得量/μg	回收率/%	X	RSD
1	20.4	16.36	35.96	97.80		
2	20.4	11.46	31.28	99.40		
3	20.4	20.76	40.01	96.51		
4	20.4	19.64	30.28	98.00		
5	20.4	27.62	48.24	102.89	99.4	2.14
6	20.4	44.18	64.18	99.80		
7	20.4	23.38	43.28	99.30		
8	20.4	17.98	38.56	102.69		
9	20.4	18.08	37.84	98.60		

5.3.3　不同产地的款冬花中芦丁含量测定

　　分别取 9 批不同产地的供试品，按 5.2.2.3 项下制备供试品溶液，对所有款冬花样品定量提供，取峰面积的平均值，按外标法计算含量。药材样品中芦丁含量测定结果见表 5.6。

表 5.6　款冬花不同产地试验样品芦丁含量测定结果

样品编号	1	2	3	4	5	6	7	8	9
芦丁含量/%	0.16	0.12	0.21	0.20	0.28	0.44	0.23	0.18	0.18

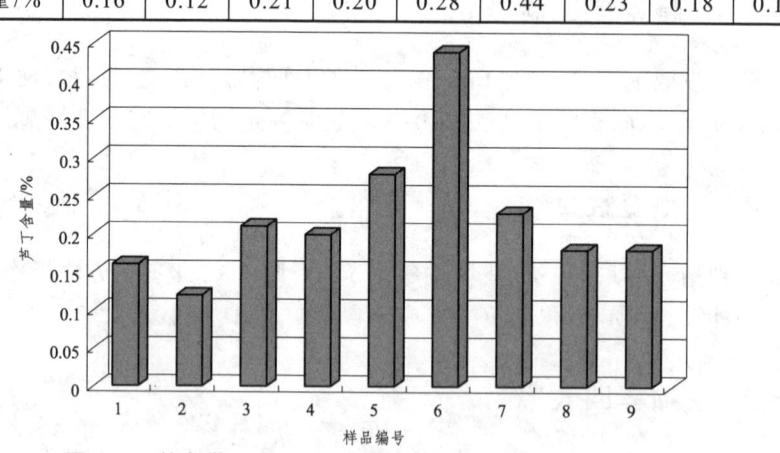

图 5.4　款冬花不同产地试验样品芦丁含量测定结果

　　结论：对不同产地的款冬花的成分测定，是款冬花 GAP 实施的关键，由于《中国药典》（2005 年版）没有明确的成分控制指标，参照有关文献[26]，我们选取了芦丁作为质量控制指标。

巫溪不同产地的款冬花中芦丁含量接近，平均为 22.2%，质量易于控制，适合在当地大规模生产[27]。

5.3.4 不同产地款冬花中总黄酮含量的测定

5.3.4.1 试验仪器、药品与供试材料

仪器：UV-1601（SHIMADZU），电子天平 AW220（SHIMADZU）。
药品：乙醇、亚硝酸钠、硝酸铝、氢氧化钠、蒸馏水等。
供试品：巫溪不同产地款冬花的药材样品。

5.3.4.2 试验方法

分别称取不同产地（1~9）的款冬花样品约 1.0 g，置于索氏提取器中提取，加乙醇 65 mL，回流提取 6 h，放冷后过滤，滤液置于 100 mL 容量瓶中，加乙醇至刻度，摇匀，吸取 5 mL 至 50 mL 容量瓶中，用乙醇定容，即得样品溶液。

精密量取样品溶液 1~9 号各 3 mL，置 25 mL 容量瓶中，加水 5 mL，摇匀，加 5%亚硝酸钠溶液 1.0 mL，摇匀，放置 6 min；加 10%硝酸铝溶液 1.0 mL，摇匀，放置 6 min；加 10%氢氧化钠溶液 10 mL，加乙醇定容至 25 mL，摇匀，放置 15 min，测定。

精密量取对照品溶液 3 mL，按上述方法显色后，测定。

检测波长 503 nm；标准曲线：$Y = 0.010\,9 - 0.003X$，$R^2 = 0.999\,3$，芦丁在 4.464~44.64 µg·mL^{-1} 范围内呈良好的线性关系。

稳定性试验表明样品溶液在 60 min 内稳定；取一份显色样品溶液，连续测定 6 次，吸收度不变，结果表明精密度良好；加样回收率为 98.03%。

5.3.4.3 试验结果

表 5.7 款冬花不同产地试验样品中总黄酮含量

样品产地	采收时间	样品吸收值	称样量/g	总黄酮含量/%
鱼鳞乡	2005-12-8	0.075 0	0.998 6	6.21
尖山镇	2005-3-22	0.096 1	1.001 1	7.84

续表 5.7

样品产地	采收时间	样品吸收值	称样量/g	总黄酮含量/%
夏布坪	2005-3-22	0.108 5	1.002 4	8.80
九狮坪	2005-12-12	0.117 2	1.009 9	9.54
兰英乡	2005-12-9	0.128 8	0.999 8	10.33
徐家镇	2005-1-8	0.146 9	1.005 5	11.78
白鹿镇	2005-12-11	0.063 1	1.008 3	5.35
下保镇	2005-12-12	0.107 4	1.000 9	8.70
双阳乡	2005-12-12	0.091 3	1.004 4	7.49

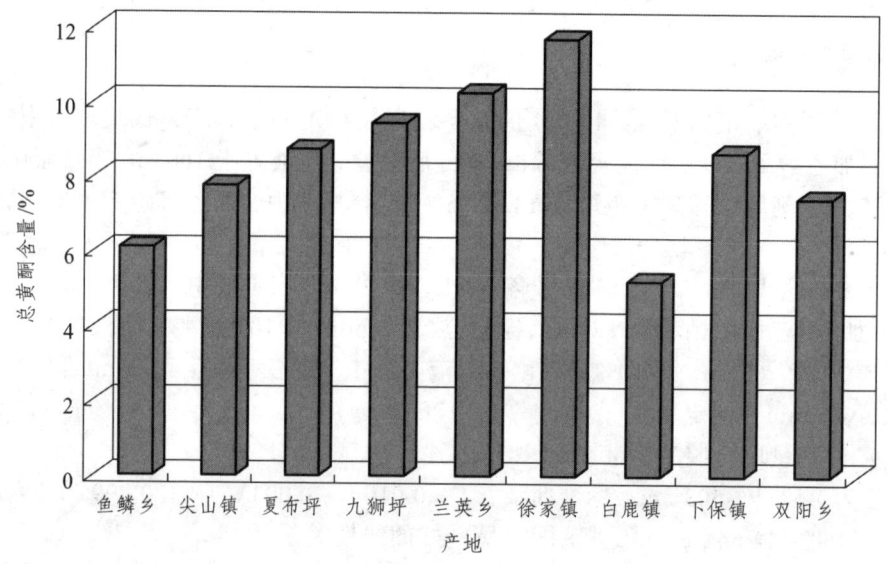

图 5.5　款冬花不同产地试验样品中总黄酮含量

5.3.4.4　讨　论

黄酮类成分作为款冬花的主要成分，与其功效密切相关，以总黄酮为款冬花的质量控制指标，能客观反映款冬花的内在品质；另一方面，款冬花的黄酮类成分含量较高，易于检测，以其作为检测指标，方便重复和验证。因此，我们选择了总黄酮作为质量评价指标之一。

由表 5.7 可见，徐家镇生产的款冬花中总黄酮含量最高，为 11.78%；白鹿镇最低，为 5.35%，平均 8.45%。

本方法简单，准确可靠，可作为款冬花质量检测标准的一部分。

5.3.5 栽培方式对款冬花品质的影响

栽培方式的考察主要包括栽培时间、栽培密度、播种的方式（行播、窝播）等对款冬花所含的黄酮类成分的影响，以芦丁为检测指标，对 3 年来开展综合栽培试验的款冬花样品进行含量测定，并以第二年收获的款冬花做重复比较，探索栽培方式与款冬花内在品质的相互关系，寻找最佳的栽培方式，以求在 GAP 生产中，获得优质高产的款冬花。芦丁测定的方法学考察见 5.8。

5.3.5.1 款冬花栽培方式与密度试验

栽培时间：12 月中旬为冬播，2 月中旬为春播。春播设 A、B、C、D 四个对照组，每组 3 个重复，分别为 A1、A2、A3，B1、B2、B3……以此类推；冬播设 A、B、C 和 X、Y、Z 六个对照组（去除最密的 D 组），每组 3 个重复，分别为 A1、A2、A3，Z1、Z2、Z3……以此类推。栽培方式与密度见表 5.8。

表 5.8 款冬花栽培方式与密度试验表

方式	窝栽/cm				行栽/cm		
	A	B	C	D	X	Y	Z
密度	30×25	35×30	40×30	25×15	25×10	25×15	25×5

款冬栽培密度、方式与黄酮含量的测试结果见表 5.9、图 5.6。

表 5.9 款冬花不同密度、不同栽培方式试验芦丁含量测定

样品编号	芦丁含量/%	样品编号	芦丁/%
春播 A1	0.26	春播 C1	0.40
春播 A2	0.26	春播 C2	0.31
春播 A3	0.29	春播 C3	0.50
春播 B1	0.39	春播 D1	0.45
春播 B2	0.26	春播 D2	0.27
春播 B3	0.37	春播 D3	0.44
冬播 A1	0.27	冬播 X1	0.50

续表 5.9

样品编号	芦丁含量/%	样品编号	芦丁/%
冬播 A2	0.24	冬播 X2	0.52
冬播 A3	0.44	冬播 X3	0.36
冬播 B1	0.29	冬播 Y1	0.39
冬播 B2	0.30	冬播 Y2	0.73
冬播 B3	0.35	冬播 Y3	0.79
冬播 C1	0.53	冬播 Z1	0.52
冬播 C2	0.67	冬播 Z2	0.40
冬播 C3	0.49	冬播 Z3	0.67

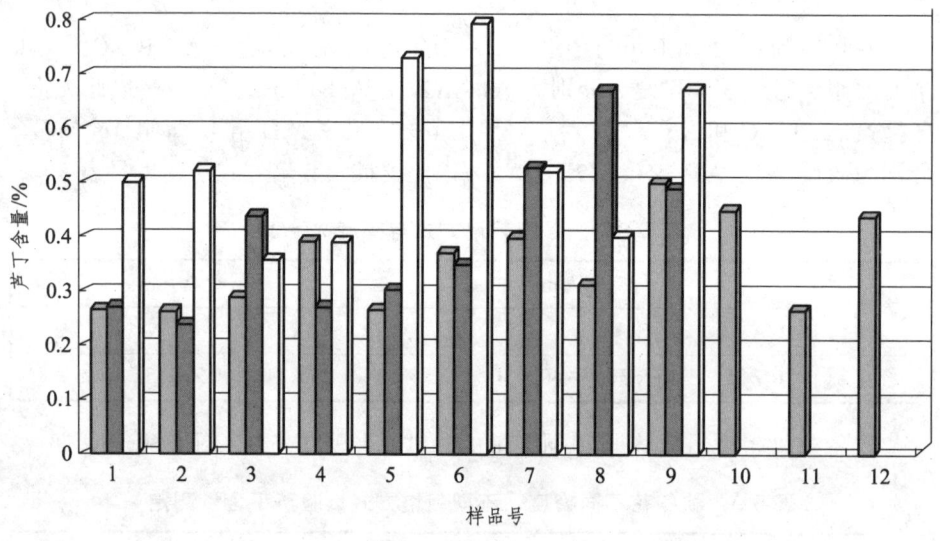

图 5.6　款冬花不同密度、不同栽培方式试验芦丁含量

5.3.5.2　结果分析

表 5.10　不同栽培密度和栽培时间的芦丁含量统计分析表

处理	均值	5%显著水平
Y	0.636 7	A
C	0.563 3	A

续表 5.10

处 理	均 值	5%显著水平
Z	0.530 0	Ab
X	0.460 0	Ab
A	0.316 7	B
B	0.313 3	B

统计学分析表明：款冬花播种时间对其品质有显著的影响。以款冬花有效成分黄酮类（芦丁）为指标，冬播的芦丁含量明显高于春播的，有显著的差异（$P < 0.05$）。不同密度、不同栽培方式之间的芦丁含量无显著差异，再考察前面所做的栽培方式、密度与产量的试验结果分析，栽培方式、密度与产量无显著差，因此，我们认为款冬花冬播优于春播。

5.3.6 施肥对款冬花品质的影响

施肥对款冬花的品质影响是款冬花栽培研究的重要部分，本研究通过对施用不同肥料、不同的浓度、混合施肥、不同激素等对款冬花黄酮类成分（芦丁）的影响，确定款冬花的肥料使用标准，提高款冬花的内在质量。

施肥量见表 4.15，激素种类、使用量见表 4.27，有机肥使用量见表 4.17。

N 肥试验样品：N 肥 10#，20#，30#；N11，21，31；N12，22，32；N13，23，33；N14，24，34。

激素试验样品：A1，A2，A3；B1，B2，B3；C1，C2，C3；D1，D2，D3；E1，E2，E3；F1，F2，F3；G1，G2，G3；H1，H2，H3；I1，I2，I3。

复合肥试验样品：A1B1，A1B2，A1B3；A2B1，A2B2，A2B3。

K 肥试验样品：K 肥 10#，20#，30#；K11，21，31；K12，22，32；K13，23，33；K14，24，34。

P 肥试验样品：P 肥 10#，20#，30#；P11，21，31；P12，22，32；P13，23，33；P14，24，34。

有机肥试验样品：Y10，20，30；Y11，21，31；Y12，22，32；Y13，23，33；Y14，24，34。

款冬花施用 N、P、K 肥及有机肥芦丁含量的测试结果见表 5.11 至表 5.14。不同激素施用与芦丁含量的测试结果见表 5.15。复合肥施用与芦丁含量的测试结果见表 5.16。

表 5.11   款冬花 N 肥试验样品芦丁含量测定

样品编号	芦丁含量/%	样品编号	芦丁含量/%
N10	0.28	N32	0.26
N20	0.17	N13	0.44
N30	0.32	N23	0.43
N11	0.17	N33	0.23
N21	0.12	N14	0.15
N31	0.27	N24	0.36
N12	0.24	N34	0.26
N22	0.60		

表 5.12   款冬花 P 肥试验样品芦丁含量测定

样品编号	芦丁含量/%	样品编号	芦丁含量/%
P10	0.77	P32	0.19
P20	0.30	P13	0.35
P30	0.50	P23	0.34
P11	0.15	P33	0.30
P21	0.45	P14	0.32
P31	0.56	P24	0.31
P12	0.51	P34	0.32
P22	0.33		

表 5.13   款冬花 K 肥试验样品芦丁含量测定

样品编号	芦丁含量/%	样品编号	芦丁含量/%
K10	0.63	K32	0.72
K20	0.64	K13	0.32
K30	0.32	K23	0.46
K11	0.78	K33	0.44
K21	0.28	K14	0.53
K31	0.31	K24	0.27
K12	0.49	K34	0.38
K22	0.42		

表 5.14　款冬花有机肥试验样品芦丁含量测定

样品编号	芦丁含量/%	样品编号	芦丁含量/%
Y10	0.13	Y32	0.22
Y20	0.42	Y13	0.16
Y30	0.31	Y23	0.24
Y11	0.10	Y33	0.26
Y21	0.20	Y14	0.20
Y31	0.27	Y24	0.11
Y12	0.29	Y34	0.40
Y22	0.12		

表 5.15　款冬花激素试验样品芦丁含量测定

样品编号	芦丁含量/%	样品编号	芦丁含量/%
A1	0.43	E2	0.22
A2	0.14	E3	0.17
A3	0.32	F1	0.23
B1	0.21	F2	0.25
B2	0.16	F3	0.14
B3	0.09	G1	0.36
C1	0.23	G2	0.21
C2	0.39	G3	0.23
C3	0.29	H1	0.18
D1	0.18	H2	0.21
D2	0.43	H3	0.18
D3	0.25	I2	0.34
E1	0.38	I3	0.17

表 5.16　款冬花复合肥试验样品芦丁含量测定

样品编号	芦丁含量/%	样品编号	芦丁含量/%
A1B1	0.20	A2B1	0.24
A1B2	0.14	A2B2	0.20
A1B3	0.25	A2B3	0.10

统计分析表明：较高水平的钾肥能显著提高款冬花的芦丁含量，与低水平的有机肥相比有显著差异（$P<0.05$）。不同肥料之间比较分析有显著差异；单一的氮肥、磷肥、钾肥、有机肥施用量与芦丁含量差异不显著（对产量有明显影响）。说明 N、P、K、有机肥对芦丁的影响因素复杂，相关性不密切（表 5.17）。

表 5.17　N、P、K、有机肥对芦丁的影响因素综合分析表

处　理	均　值	5%显著水平
K	0.406 7	A
N	0.366 7	Ab
P	0.33	Ab
Y	0.21	B

5.3.7　结果分析

对款冬花的芦丁含量测定和测定结果的统计分析表明，影响款冬花黄酮类成分的因素是多方面的，栽培的时间与芦丁含量显著相关，冬季栽培的款冬中芦丁平均含量为 0.470%，春季栽培的芦丁平均含量为 0.348%，冬栽款冬比春栽款冬的芦丁含量要高 30%。我们认为：播种时间对款冬花品质有显著的影响，款冬以冬栽为宜。

款冬密度、行栽、窝栽的栽培试验表明，芦丁含量与这些因素无显著相关性。对不同肥料试验的款冬花芦丁含量测定和统计分析表明，不同肥料品种、不同肥料浓度、不同肥料的交叉试验，不同激素使用对款冬花的芦丁含量均无显著相关，表现出复杂的相关关系，说明款冬花的芦丁含量与温度、大气、水分、土壤等自然因素关系密切，与肥料试验的影响关系不大。

较高水平钾肥能显著提高款冬花的品质，提高款冬花的芦丁含量；多施有机肥也能提高款冬花的品质。栽培时应注意钾肥与有机肥的施用，以提高款冬花的产量与质量。

6 款冬酮、金丝桃苷检测方法的建立与款冬花不同样品中的款冬酮含量比较研究

　　款冬酮为款冬花特有的有效成分，属于倍半萜类化合物。倍半萜类化合物有抗肿瘤、强心、神经毒性、抗菌等作用[28]。1996 年，石巍等人从款冬花中分离出款冬酮，受到广泛的关注[29]。目前还未见有其他植物含有款冬酮的报道。以款冬酮作为款冬花质量评价的指标，可以准确区分款冬花和其他药材，专属性强，对于款冬花的质量控制有极其重要的意义。款冬酮有升高血压、收缩血管的作用；与多巴胺相比，款冬酮对抗失血性休克的升压作用强，维持时间长，而且使心肌力量-速度向量环的形态恢复更接近正常[30]。萜类的其他生态功能及经济价值也受到研究者关注[31]。

　　对款冬酮的研究，能够更好地控制款冬花的质量。本研究提出将款冬酮作为款冬花质量控制指标，用来评价款冬花的质量，建立了款冬酮的检测方法，测定了全国 10 个主产地、5 个不同采收时期以及蜜制款冬花的款冬酮含量，初步建立了款冬花指纹图谱，制订了以款冬酮为重要指标的款冬花质量标准。

6.1　款冬酮检测方法的建立

　　款冬酮为倍半萜类成分，与款冬花所含的黄酮类成分的化学性质有很大的差异。由于从未有过款冬酮含量测定方法的报道，我们分析了款冬酮的化学性质，从提取分离条件、流动相的选择、仪器的分离条件等方面做了探索性研究，成功地建立了款冬酮含量的测定方法，为款冬花的质量标准的制订打下了基础。

6.1.1　款冬花样品提取分离条件试验

（1）取款冬花粗粉 5～10 g，用甲醇提取，回收甲醇成浸膏，石油醚-EtOAc（9：1）洗脱，石油醚液另存，回收石油醚-EtOAc 液，即得样品。

（2）取款冬花粗粉 5～10 g，用石油醚索氏提取 3 次（温度 60～90 ℃），石油醚液另用；药粉用甲醇提至无色，回收甲醇成浸膏，将其上硅胶柱（200～300 目），石油醚-EtOAc（9：1）洗脱，回收石油醚-EtOAc 液，即得样品。

（3）用药材的 6、3、1 倍量 EtOAc 分别水浴回流提取 3 次（温度 120 ℃），回收 EtOAc 液，即得样品。

3 种方法的对比：3 种方法之中，以石油醚脱脂后甲醇提取的效果为好。

HPLC 流动相的选择试验：

分别用 $V(\text{MeOH})：V(\text{H}_2\text{O}) = 20\%：80\%, 30\%：70\%, 30\%：70\%, 40\%：60\%, 50\%：50\%, 60\%：40\%, 70\%：30\%, 80\%：20\%, 90\%：10\%, 95\%：5\%$ 进行洗脱。HPLC 分析结果：$V(\text{MeOH})：V(\text{H}_2\text{O}) = 80\%：20\%$ 时，款冬酮分离的效果最好，故选 $V(\text{MeOH})：V(\text{H}_2\text{O}) = 80\%：20\%$ 作为流动相。

6.1.2　仪器、药品与供试材料

仪器：安捷伦 1200，安捷伦化学工作站。

药品：款冬酮对照品购自上海中药标准化中心；甲醇为色谱纯，水为高纯水，其他试剂为分析纯。

供试材料由作者分别采自全国 10 个产地和 1 个药农自己的栽培品，由成都中医药大学万德光教授鉴定，为菊科植物款冬花（*Tussilago farfara* L.）的花蕾。不同产地样品见表 6.1。

表 6.1　不同产地款冬花试验样品及采收时间

样品编号	产地采收日期	样品编号	产地采收日期
1	陕西蒲城　2007-02	6	巫溪徐家店村　2006-01
2	巫溪尖山镇白庙村　2007-03	7	巫溪宁厂镇邓家村　2006-01
3	巫溪双阳大坪村　2007-03	8	陕西彬县水口乡　2006-12
4	巫溪尖山九狮坪　2006-12	9	陕西彬县底店乡　2006-01
5	巫溪文锋镇思源村　2005-12	10	成都荷花池药材市场　2006-04

6.1.3 方法与结果

6.1.3.1 色谱条件

安捷伦 C_{18} 柱，150 mm×4.6 mm×0.5 μm；流动相：甲醇-水（80∶20），流速：0.8 mL·min^{-1}；波长：220 nm；柱温：20 ℃。

款冬酮理论塔板数不得低于 5 000。

6.1.3.2 对照品溶液的制备

精密称取（减压干燥）款冬酮对照品 3.50 mg，置于 25 mL 容量瓶中，用甲醇溶解并稀释至刻度，摇匀，精密吸取 1 mL，置于 20 mL 容量瓶中，加甲醇制成 0.035 mg·mL^{-1} 的溶液。

6.1.3.3 供试品溶液的制备

取款冬花样品粉碎（过 20 目筛），60 ℃ 干燥至恒重，分别精密称取上述样品各 10.0 g，置于索氏提取器中，加石油醚（60~90 ℃）100 mL，回流提取 3 次，时间 2 h，1 h，1 h（去掉脂溶性杂质），滤渣用甲醇提取 3 次，每次 100 mL，时间 2 h，1 h，1 h，用微孔滤膜 0.22 μm（滤纸过滤）过滤，浓缩，滤液定容于 50 mL 容量瓶中，摇匀，作为样品溶液，备用。

对照品与供试品的 HPLC 图谱如图 6.1 所示。

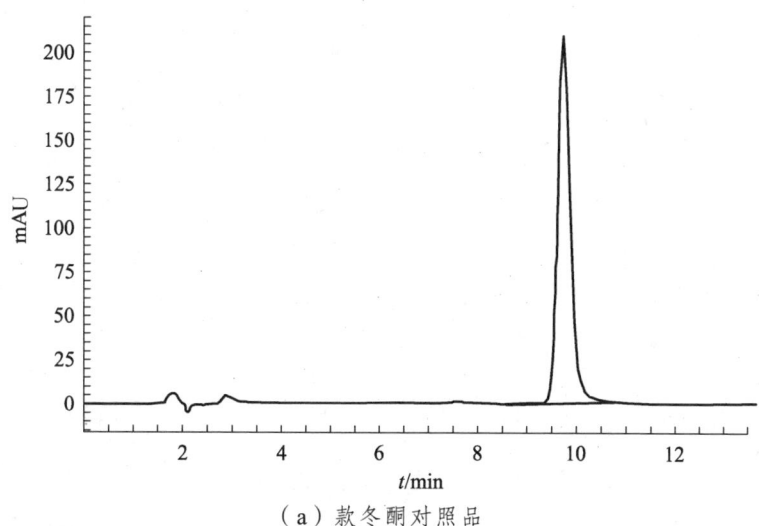

（a）款冬酮对照品

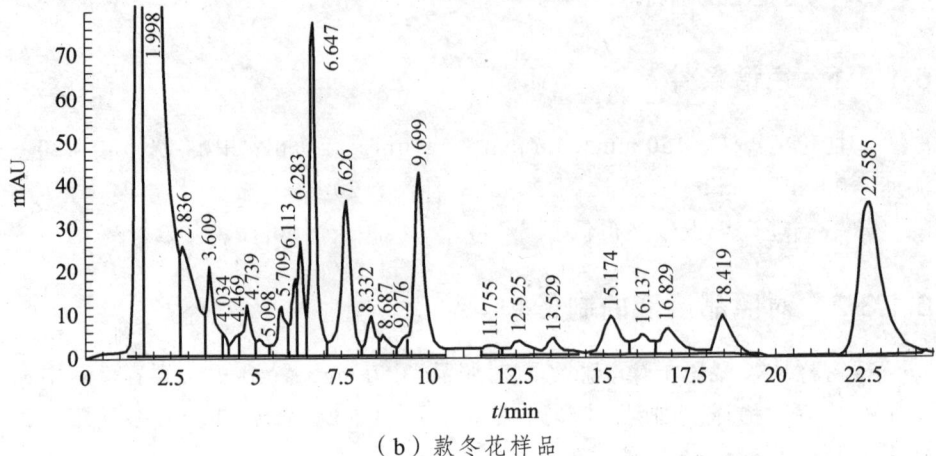

（b）款冬花样品

图 6.1　款冬酮对照品与供试品的 HPLC 图谱

6.1.3.4　标准曲线的绘制

称取款冬酮标品 1.75 mg，用色谱纯甲醇配成 50 mL，即得 0.035 mg · mL⁻¹ 的标准品溶液。取其溶液 2，5，10，15，20，25 μL 进行测定，绘制浓度-峰面积曲线（图 6.2）。线性范围：0.070 ~ 0.875 2 μg。

款冬酮标准曲线：$Y = 1\,533.8X - 1.459\,9$，$R^2 = 0.999\,8$。

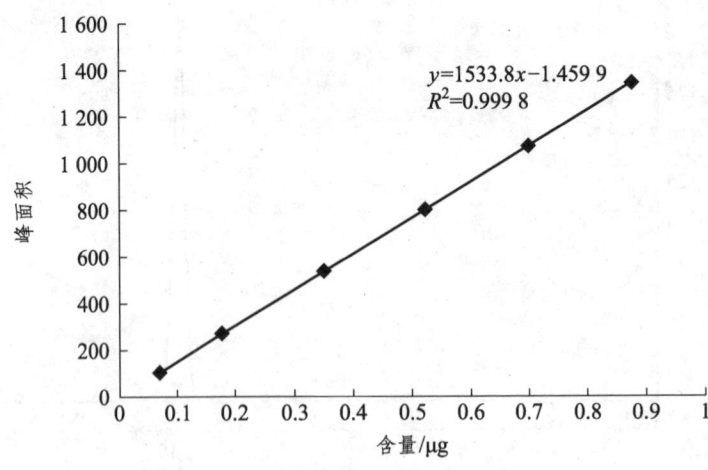

图 6.2　款冬酮标准曲线

6.1.3.5 稳定性试验

取供试品溶液，室温下每 6 h 进样分析 1 次，连续测定 5 次，款冬酮平均峰面积的 RSD 为 1.39%。表明供试品溶液在 24 h 内稳定。

6.1.3.6 精密度试验

精密吸取上述 0.035 mg·mL^{-1} 的对照品溶液，连续进样 5 次，每次 10 μL，款冬酮峰面积的 RSD 为 1.01%。表明测定结果的精密度良好。

6.1.3.7 重复性试验

分别精密称取同一批栽培款冬花 5 份，照 6.1.3.3 项下方法操作，测定峰面积并计算，得峰面积和含量的 RSD 均小于 1.36%。

6.1.3.8 加样回收率

分别精密称取 1 mL 已知含量的同一批次样品 5 份，每份精密加入款冬酮对照品溶液 0.2 mL（0.035 mg·mL^{-1}），按 6.1.3.3 项下方法制备供试品溶液，照上述方法测定。分别测得不同产地的款冬花样品加样回收范围在 97.80% ~ 102.8%（表 6.2）。

表 6.2　不同产地款冬花样品回收率

样品号	样品加入量/μg	样品含量/μg	样品测得量/μg	回收率/%	X	RSD
1	7.00	6.36	12.95	97.80		
2	7.00	4.46	11.39	99.40		
3	7.00	5.71	12.52	98.51		
4	7.00	3.64	10.43	98.05		
5	7.00	7.62	14.89	101.89	99.4	2.14
6	7.00	4.18	11.05	98.80		
7	7.00	3.38	10.27	98.91		
8	7.00	7.98	15.38	102.69		
9	7.00	6.08	12.90	98.60		
10	7.00	6.08	12.99	99.29		

6.2 款冬花不同样品的款冬酮含量比较

6.2.1 不同产地采收品种的款冬酮含量比较

表 6.3 不同产地采收品种的款冬酮含量测定试验结果

产 地	编号	款冬酮含量/%
尖山镇白庙村（农户采挖）	1	0.013 1
巫溪县双阳大坪村（栽培）	2	0.057 7
巫溪县徐家店村（栽培）	3	0.050 0
巫溪县尖山镇九狮坪（栽培）	4	0.051 2
巫溪县文峰镇思源村（栽培）	5	0.025 4
陕西蒲城（栽培）	6	0.042 3
2007 重庆药材市场	7	0.013 6
陕西彬县水口镇（野生）	8	0.024 7
陕西蒲城县东城乡（野生）	9	0.012 2
陕西彬县底店镇（野生）	10	0.012 2
2007 重庆蜜制品	11	0.022 2

结论：平均款冬酮含量为 0.0302%。

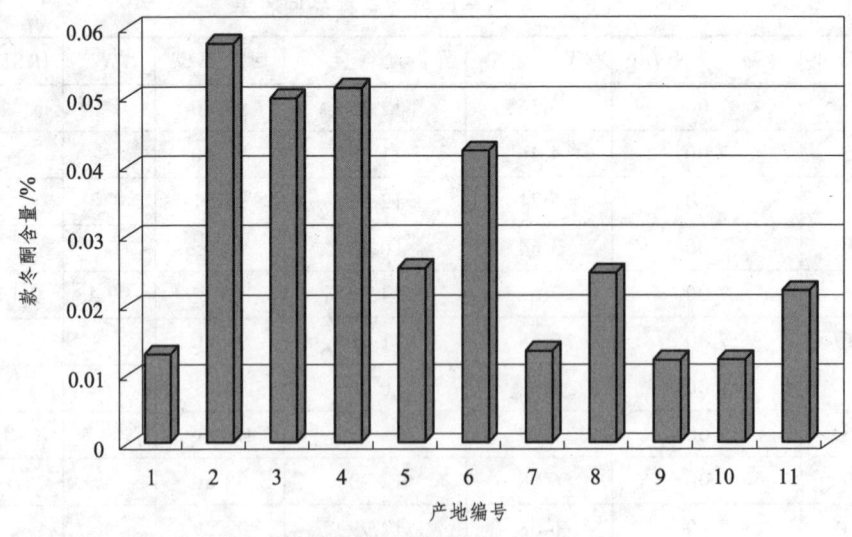

图 6.3 不同产地的款冬酮含量测定

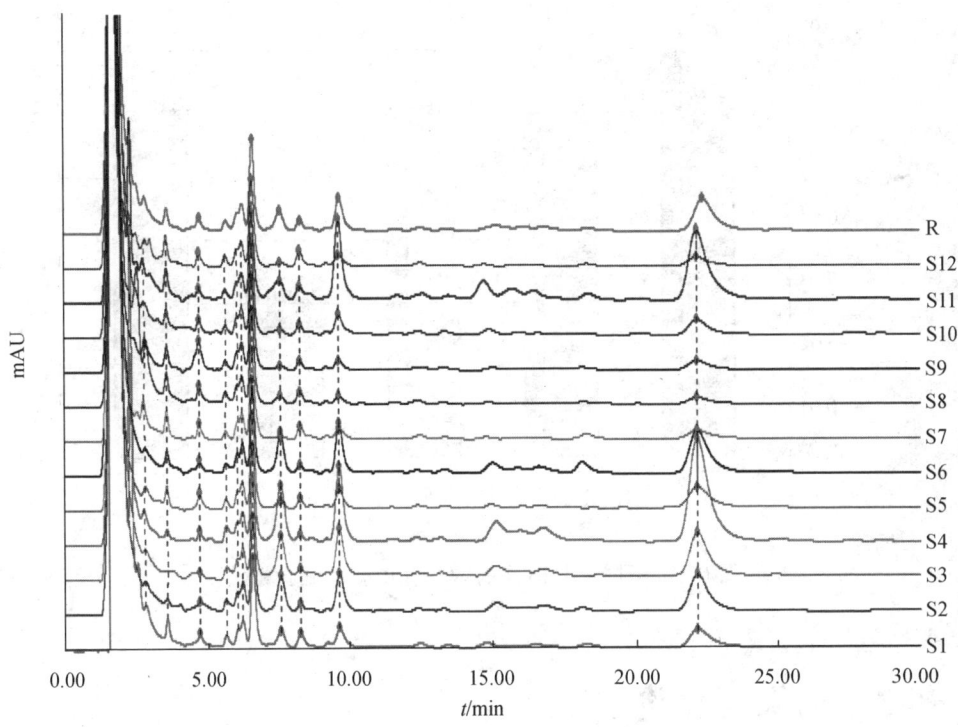

图 6.4　12 批次款冬花的 HPLC 指纹图谱

6.2.2　不同季节采收的款冬酮含量比较

表 6.4　不同季节采收的款冬花中款冬酮含量测定试验结果

采收季节	编号	款冬酮含量/%
2005-11	1	0.062 10
2005-12	2	0.051 98
2006-02	3	0.053 89
2006-03	4	0.020 86
2006-04	5	0.054 14

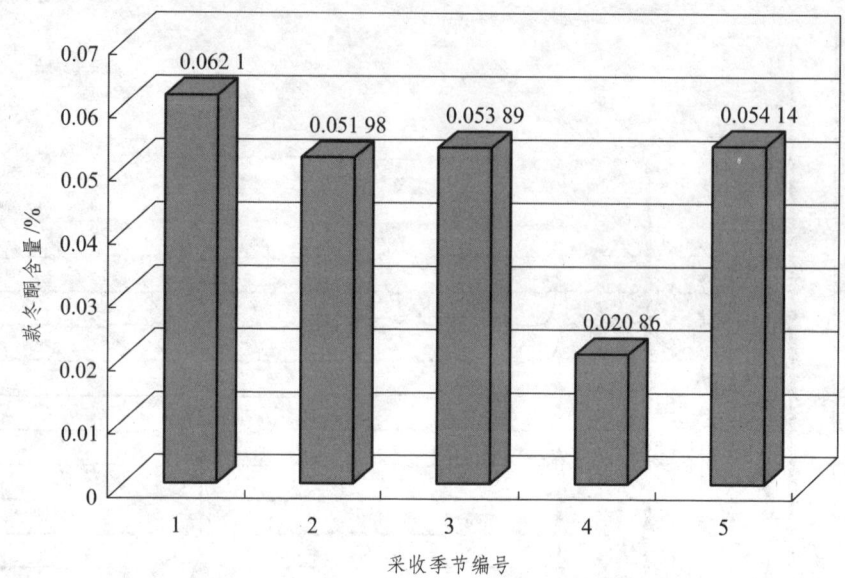

图 6.5　不同采收时间的款冬花中款冬酮含量测定

6.3　结果与讨论

（1）不同产地样品中的款冬酮含量测定结果表明，巫溪县双阳大坪村的产品含量最高，为 0.057 7%，陕西蒲城、陕西彬县的野生款冬花含量最低，为 0.012 2%，款冬花中平均款冬酮含量为 0.030 2%。说明栽培款冬花中款冬酮的含量明显高于野生款冬花，有显著差异。

（2）巫溪栽培品中，不同采收时间的款冬花平均款冬酮含量为 0.048 60%，以 11 月款冬花小花蕾时最高，3 月采收时最低，而在 4 月花开放后含量又增高。款冬酮含量与采收时间无显著差异。

（3）蜜制款冬花的含量低于平均水平，分析其原因：蜜制品来源不清楚，不知道是栽培品还是野生品；蜜制后款冬酮损失。

（4）检测波长的选择：将款冬酮对照品溶液和供试品溶液（上柱前及上柱后）进行紫外扫描，对照品溶液和供试品溶液分别在波长 220 nm 及 330 nm 处均有最大吸收，但波长 220 nm 处的响应值比 330 nm 波长处的响应值大，故选择检测波长为 220 nm，结果灵敏准确。

流动相的选择：曾选择流动相为甲醇-水（50∶50），结果峰形矮胖，甚至拖尾。我们采用加大甲醇比例，在甲醇-水（80∶20）时，取得了满意的效果。

（5）提取溶剂和方法的选择：试验中比较了纯甲醇、80%甲醇、50%甲醇、30%甲醇、80%乙醇加热回流提取品，结果以纯甲醇提取的样品杂质含量少，操作简便，故此采用。

（6）提取时间的确定：我们采用纯甲醇加热回流提取样品，分别测定了不同提取时间样品中所含款冬酮的含量，结果在 20~70 min 内样品含量基本不变。

（7）洗脱溶剂的确定：试验中曾采用水、5%甲醇、50%甲醇、10%乙醇、25%乙醇洗脱，结果以 25%乙醇 100 mL 洗脱完全（经薄层和液相检查），且在此洗脱溶液中款冬酮与其他相关峰均能达到基线分离。

（8）本方法简便快速，准确度高，重现性好。从 11 批原药材的测定结果来看，款冬花中的款冬酮含量在 0.106%~0.452%。目前，根据现有数据，我们暂时将款冬酮的含量规定为不得少于 0.012%。待今后积累数据，再作修订。

6.4　不同产地、不同季节款冬花中的金丝桃苷含量测定

6.4.1　仪器与药品

仪器：Agilent1200 高效液相色谱仪、安捷伦化学工作站、Sartorius BP221S 型电子天平。

药品：对照品购自中国药品生物制品检定所；甲醇为色谱纯，水为高纯水，其他试剂为分析纯。

试药：金丝桃苷标准品（上海中药标准化中心）、无水甲醇。

供试材料由作者分别采自重庆 6 个区县和陕西 4 个区县的样品，由重庆市中药研究院钟国跃研究员鉴定，为菊科植物款冬花（*Tussilago farfara* L.）的花蕾。

6.4.2　方法与结果

6.4.2.1　色谱条件

迪马 C_{18} 柱，250 mm × 4.6 mm × 0.5 μm；流动相：甲醇-水（0.025 mol · mL^{-1}）、磷酸（40：60）；流速：0.8 mL · min^{-1}；波长：360 nm；柱温：室温。

金丝桃苷理论塔板数不得低于 5 000。

6.4.2.2　对照品溶液的制备

精密称取（减压干燥）金丝桃苷对照品 3.56 mg，置于 50 mL 容量瓶中，用甲醇溶解并稀释至刻度，摇匀，精密吸取 1 mL，置于 10 mL 容量瓶中，加甲醇制成 0.072 mg · mL^{-1} 的溶液。

6.4.2.3　供试品溶液的制备

取款冬花样品粉碎（过 20 目筛），60 ℃ 干燥至恒重，分别精密称取上述样品各 1.0 g，置于索氏提取器中，加石油醚 50 mL，提取至近无色，弃去石油醚液，挥干溶剂，加甲醇 80 mL，回流提取 2 h，过滤，减压回收甲醇，残留物加少量甲醇溶解，并定容于 100 mL 容量瓶中，摇匀，作为样品溶液备用。

对照品与供试品的 HPLC 图谱见图 6.6。

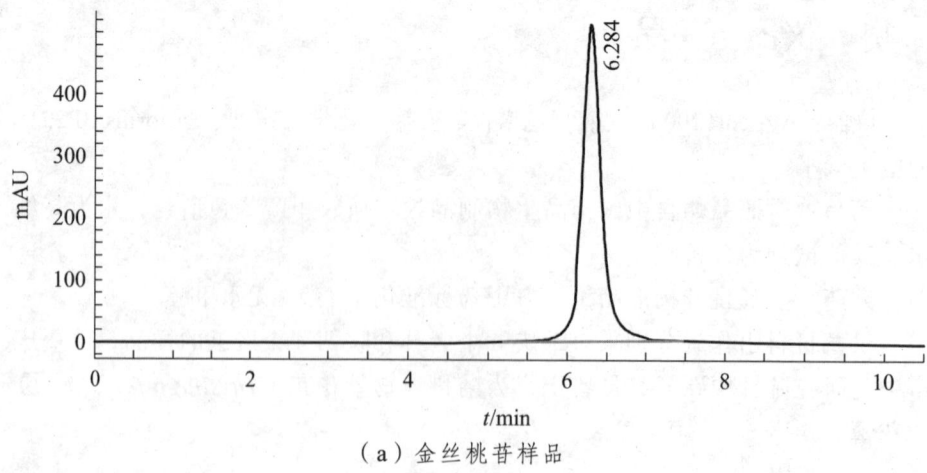

（a）金丝桃苷样品

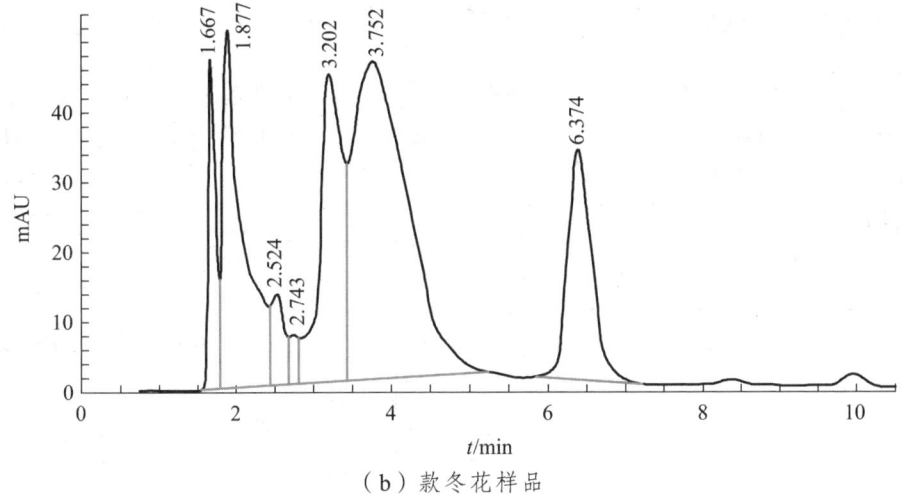

（b）款冬花样品

图 6.6　金丝桃苷对照品与供试品的 HPLC 图谱

6.4.2.4　标准曲线的制作

用 0.072 mg・mL^{-1} 金丝桃苷标准溶液在容量瓶中分别配制 0.014 4，0.028 8，0.057 6，0.086 4，0.115 2，0.144 0，0.172 8 μg・μL^{-1}的金丝桃苷溶液，以 5 μL 进样，得回归方程：$Y = 1\,545.2X - 38.113$，相关系数 $R^2 = 0.999\,7$。

试验结果表明金丝桃苷对照品在 0.072 ~ 0.864 μg 的范围内线性关系良好。

6.4.2.5　稳定性实验

取供试品溶液，室温下每 6 h 进样分析 1 次，连续测定 5 次，金丝桃苷平均峰面积的 RSD 为 0.22%。表明供试品溶液在 24 h 内稳定。

6.4.2.6　精密度试验

精密吸取上述 0.072 mg・mL^{-1}的对照品溶液，连续进样 5 次，每次 5 μL，金丝桃苷峰面积的 RSD 为 0.32%。表明测定结果的精密度良好。

6.4.2.7　重复性实验

分别精密称取同一批栽培款冬花 5 份，照 6.4.2.3 项下方法操作，测定峰面积并计算，得峰面积和含量的 RSD 均小于 2.1%。

6.4.2.8　加样回收率

精密称取已知含量的同一批次样品 5 份，每份精密加入金丝桃苷对照品溶液 1 mL（0.072 mg·mL^{-1}），按 6.4.2.3 项下方法制备供试品溶液，照上述方法测定。分别测得不同产地的款冬花样品加样回收范围在 97.60% ~ 103.6%（表 6.5）。

表 6.5　不同产地款冬花回收率

取量/g	含量/mg	加入量/mg	测得量/mg	回收率/%	平均回收率/%	RSD/%
1.002 1	0.253	0.25	0.51	102.8		
1.003 2	0.241	0.25	0.50	103.6		
1.002 5	0.262	0.25	0.51	99.2	101.1	2.56
1.001 2	0.266	0.25	0.51	97.6		
1.001 0	0.244	0.25	0.50	102.4		

6.4.2.9　样品测定

分别取 9 批不同产地的供试品，按 6.4.2.3 项下方法制备供试品溶液，对所有款冬花样品定量提供，取峰面积的平均值，按外标法计算含量，药材样品中金丝桃苷的含量测定结果见表 6.6。

表 6.6　不同产地款冬花中金丝桃苷的含量测定结果

编号	产地	金丝桃苷含量/%	编号	产地	金丝桃苷含量/%
1	重庆巫溪尖山镇白庙村	0.010	6	重庆巫溪文峰镇思源村	0.023
2	重庆巫溪宁长镇邓家村	0.019	7	陕西蒲城	0.027
3	重庆巫溪县双阳大坪村	0.010	8	陕西蒲城东城乡	0.028
4	重庆巫溪县徐家店村	0.027	9	陕西彬县底店镇	0.046
5	重庆巫溪尖山镇九狮坪	0.019	10	陕西彬县水口镇	0.048

结果 10 个批次款冬花中金丝桃苷总含量为 0.026%，RSD 为 36.5%，整体差异很大。

6.4.3 讨 论

（1）对不同产地的款冬花的成分进行测定，是控制款冬花质量的关键。《中国药典》（2010 年版）[2]只规定了款冬酮的含量标准，没有金丝桃苷的控制指标。而研究表明款冬酮的含量接近，金丝桃苷含量差异较大，故参照有关文献[3] [4]，我们选取了金丝桃苷作为质量控制指标。

（2）不同产地的款冬花中金丝桃苷含量差异较大，平均为 0.026%。对金丝桃苷的测定有利于款冬花的质量控制，特别适合于不同产地、不同栽培方式的款冬花的鉴定。

（3）样品涉及重庆、陕西两省（直辖市），没有其他省的样品，今后还要继续完善样品，以适合在产地大规模生产和质量控制。

7 款冬内生菌的分离及抗菌活性研究

植物内生菌是指生活史的一定阶段生活在活体植物组织内又不引起植物明显病害的微生物。对植物内生菌的研究是当今的热点之一，国外有款冬花内生菌研究的报道[32]，从款冬花中分离、鉴定了内生真菌。

首先，内生菌能够促进宿主植物的生长，增强宿主植物的抗逆性[33]。内生真菌对宿主植物的促进作用表现在种子发芽、幼苗存活、分蘖生长、花序形成、生物量积累等多方面，内生菌能产生促进植物生长的物质，如植物生长素、赤霉素以及细胞激动素等，直接促进植物生长。内生菌也能通过增强植物吸收 N、P 等营养元素，或与病原菌竞争营养和空间，或直接产生拮抗物质而抑制病原菌，从而间接促进植物生长。内生菌对植物抗逆性的增益作用既表现在非生物胁迫（如抗高温、抗干旱、抗盐碱等）方面，也表现在生物胁迫（如阻抑昆虫和食草动物的采食、抵抗病虫害等）方面。因此，研究款冬的内生菌，对实施款冬花的规范化栽培，促进款冬花优质高产有重要意义。

另外，植物内生细菌能够作为外源基因的载体，产生抗生素、某些酶类等次生代谢产物，还能够产生多种全新的生物活性物质，其中有很多对严重威胁人类健康的疾病有着特殊的疗效。款冬花所含的化学成分众多，其中黄酮类、萜类、生物碱类有很强的生物活性，与款冬花的疗效和毒性密切相关。研究款冬的内生菌，可以探索款冬内生菌与其所含化学成分的关系，以期在今后利用内生菌提高有效成分的含量，降低毒性成分的比例，使款冬花在使用中更加安全、有效。

在独特环境中生长的生物，由于受到环境的影响，应有特定的疗效；同理，在独特环境中生长的植物的内生菌，由于长期适应特殊环境，形成了一些独特的生长、生理机制和遗传基因，从中较容易分离得到特殊的代谢产物菌株。款冬花作为生长在较高海拔的止咳药材，其生长环境特殊，气候较寒冷，与一般作物的生长环境有差异，也可能产生特殊的代谢产物菌株。基于此理论，本书进行了款冬花中内生菌的分离、有抗菌活性的内生菌的筛选、内生菌形态学鉴定等研究，为今后探索内生菌与化学成分、药理作用的关系奠定基础。

7.1　款冬内生菌的分离

7.1.1　材　料

采自重庆市巫溪县尖山镇新鲜款冬的根、茎、叶。

7.1.2　培养基

A、分离培养基：水琼脂培养基；
B、纯化、保存培养基；
内生细菌：牛肉膏蛋白胨培养基；
内生真菌：马铃薯综合培养基（PDA）。

7.1.3　方　法

根据常规健康植物内生菌的分离方法，进行表面清洗消毒后，种植于水琼脂培养基中，26 ℃温箱闭光培养。

空白对照：取最后一次清洗后的无菌水，涂布于水琼脂培养基上；或外植体不做任何处理，直接种植，26 ℃培养。

挑取内生细菌接种到牛肉膏蛋白胨固体培养基上，37 ℃温箱培养；内生真菌接种到PDA培养基中，27 ℃温箱培养。

纯化好后接种斜面，4 ℃冰箱保存。

7.1.4　结　果

从新鲜款冬的各部分组织中，共分离得到内生菌 13 株，其中内生细菌 6 株、内生真菌 7 株，未分离得到放线菌（表 7.1）。

表 7.1　款冬内生菌分离情况

分离植物内生菌的植物名称	内生菌分离组织及内生菌分离数量						内生菌分离总数
	根		茎		叶片		
	细菌	真菌	细菌	真菌	细菌	真菌	
款冬	1	4	3	—	2	3	13

7.2　具有抗菌活性的款冬内生菌的筛选

7.2.1　材　料

分离自款冬的 13 株内生菌。

7.2.2　方　法

将植物内生菌进行液体发酵过滤，滤液加入等体积乙醇，菌丝用甲醇萃取，离心，减压蒸馏后，样品保存于 4 ℃ 冰箱中。

人畜病原菌采用 K-B 纸片法，植物病原菌采用生长速率法进行抑菌实验。

采用琼脂二倍稀释法与改进 K-B 纸片扩散法结合的方式，测定植物内生菌发酵液的 MIC 值。

7.2.3　结　果

7.2.3.1　广谱抗菌活性内生菌的抗菌效果

在 13 株款冬内生菌中，有一株编号为 TE-R7 的内生真菌具有广谱抗菌活性，其抗菌效果见表 7.2、表 7.3。

表 7.2　TE-R7 发酵液对 5 种植物病原菌的抑制作用

指示菌	小麦 赤霉病菌	玉米 大斑菌	甘蓝黑斑病 原菌	黑曲霉	四季豆炭 疽菌
款冬根内生真菌发酵液	52.2%	38.7%	60.0%	—	50.6%

表 7.3　TE-R7 发酵液对 10 种人畜病原菌的抑制作用（单位：mm）

指示菌	内生真菌：TE-R7
金黄色葡萄球菌	12.7±1.4
蜡样芽孢杆菌	10.4±0.3
枯草芽孢杆菌	18.3±1.8
李斯特菌	10.7±0.4
肺炎氏链球菌	22.5±0.9
大肠杆菌	25.3±1.6
伤寒沙门氏菌	13.1±0.8
宋内氏志贺氏菌	9.8±1.2
铜绿假单孢杆菌	23.5±1.7
白色念珠球菌	19.7±0.5

注：$\Phi \geqslant 15$ mm 为强抑菌；10 mm$\leqslant \Phi <$15 mm 为中度抑菌；5 mm$< \Phi <$10 mm 为弱抑菌；
$\Phi \leqslant 5$ mm 无抑菌效果。

7.2.3.2　广谱抗菌活性内生菌的最低抑菌浓度（MIC 值）

表 7.4　TE-R7 对 10 种人畜病原菌的最低抑菌浓度（MIC：$mg \cdot mL^{-1}$）

指示菌	内生真菌：TE-R7
金黄色葡萄球菌	7.50
蜡样芽孢杆菌	6.25
枯草芽孢杆菌	3.18
李斯特菌	12.50
肺炎氏链球菌	6.25
大肠杆菌	3.75
伤寒沙门氏菌	3.18
宋内氏志贺氏菌	12.50
铜绿假单孢杆菌	3.18
白色念珠球菌	3.75

7.3 TE-R7 的形态学鉴定

7.3.1 材　料

具有广谱抗菌活性的款冬内生真菌 TE-R7。

7.3.2 培养基

PDA 培养基、查氏培养基、完全培养基、马丁培养基、LB 液体（固体）培养基。

7.3.3 方　法

根据《真菌鉴定手册》，采用插片培养和点植法，对分离得到的活性内生菌 TE-R7 进行显微形态特征的观察、分类鉴定。

7.3.4 结果与分析

1. 固体培养基上菌丝特征

PDA 培养基上 TE-R7 的菌落特征：菌落乳白色，菌丝淡紫色，贴近培养基为深紫色。

查氏培养基上：菌丝白色，菌落较 PDA 培养基稀疏，贴近培养基的菌丝浅黄色。

2. 显微镜下观察到的菌丝与孢子（图 7.1、图 7.2）

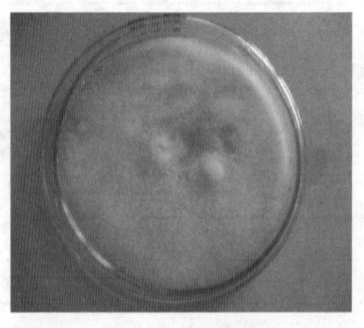 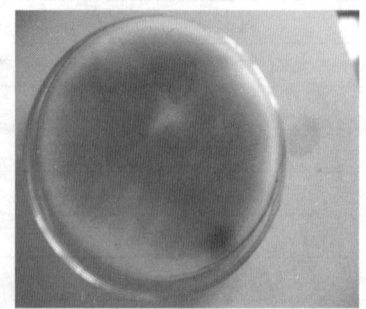

（a）正面　　　　　　　　　　　　　　（b）背面

图 7.1　TE-R7 菌落特征

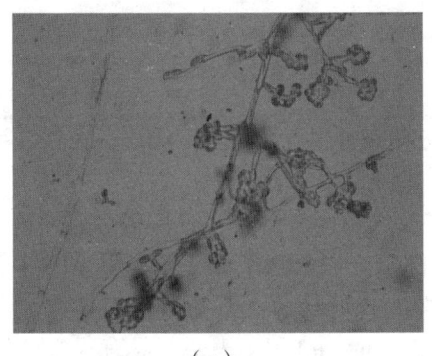

（a）　　　　　　　　　　　　　（b）

图 7.2　TE-R7 在 400 倍光镜下菌丝孢子形态

3. TE-R7 的形态观察及显微结构特征

活性菌株 TE-R7 在不同培养基上的形态特征如表 7.5 所示。

表 7.5　菌株 TE-R7 在不同固体培养基上的形态特征

培养基类型	TE-R7 在不同培养基中的形态特征
PDA	基上菌丝淡紫色，棉絮状，菌丝致密，边缘有黏液，背面观察培养基呈深紫色，在基内呈放射状。液体培养呈紫色，棉絮状菌丝，未形成菌球。
完全	基上菌丝淡粉色，棉絮状，生长缓慢，背面观察培养基呈肉色，在基内呈放射状。液体培养呈米黄色浊液，不黏稠，菌丝很少。
马丁	基上菌丝白色，稀疏，菌丝边缘未产生黏液，背面观察培养基呈透明状。液体培养呈灰色浑浊，绒毛状菌丝。
察氏	基上菌丝白色，较 PDA 稀疏，绒毛状，边缘有黏液，背面观察培养基呈黄色，放射状。液体培养呈乳白色半透明，有不规则的菌球出现。
燕麦	基上菌丝淡蓝色，绒毛状，稀疏，背面观察培养基呈深蓝色。液体培养呈紫红色，绒毛状菌丝。
高氏	基上菌丝白色，较密，棉絮状，背面观察培养基无色。液体培养呈乳白色半透明。

款冬内生真菌活性菌株 TE-R7 在 400 倍光学显微镜下观察，其分生孢子呈卵形或镰刀形，产孢细胞为瓶梗型，产孢细胞在菌丝上顶生或侧生，形成的小型分生孢子黏在一起，头状着生，菌丝有隔膜，分生孢子散落在菌丝间。

7.4 结 论

（1）从新鲜款冬的根、茎、叶各部分组织中共分离得到内生菌 13 株，其中内生细菌 6 株、内生真菌 7 株，未分离到放线菌。

（2）款冬分离的内生真菌 TE-R7 有很强的抗菌活性，对枯草芽孢杆菌、肺炎氏链球菌、大肠杆菌、铜绿假单孢杆菌、白色念珠球菌等有明显的抑菌作用，抑菌 $\Phi \geqslant 15$ mm。对枯草芽孢杆菌、大肠杆菌、铜绿假单孢杆菌、白色念珠球菌等的最低抑菌浓度 MIC 小于 5 mg·mL^{-1}，表明其具有很强的抗菌活性。

（3）款冬内生菌对一些作物的病原菌也有明显的抑制作用，今后可以作为生物农药来研究。

（4）抑菌作用最强的真菌初步鉴定为镰刀菌属（*Fusarium*）真菌。

由此可见，在 PDA 琼脂平皿培养基上的菌落特征，以及小分生孢子性状可推出：该活性菌株属于半知菌纲（Fungi imperfecti）从梗孢目（Moniliaceae）瘤座孢科（Tuberculariaceae）镰孢霉属（*Fusarium*）。但未出现有性分生孢子（子实体），所以种间关系还无法判定。具体的还要通过分子手段及生理生化方法才能鉴定到种。所以暂时判定为款冬内生真菌 *Fusarium* sp.菌株 TE-R7。

8　总结与讨论

8.1　本研究结论

本研究对款冬花（*Tussilago farfara* L.）从本草考证、植物学研究、性状鉴别、组织显微学鉴别、规范化栽培技术、质量控制、质量评价标准和内生真菌等方面进行了研究。结合当前国外中药规范化栽培和质量控制研究的进展，运用数码显微技术、HPLC 定量分析、浸出物分析、灰分分析、水分分析等现代质量控制技术来研究评价中药的质量；开展了款冬花规范化栽培的研究，对款冬的产地适宜性、产地土壤、栽培方式、密度与移栽时间、单一肥效、复合施肥、病虫害防治、收获加工等做了系统研究，提出了款冬花的规范化栽培标准。本书首次报道了款冬花的本草考证结果；首次对款冬花的叶片、叶柄、根、根茎进行了组织显微学研究，指出了款冬花与混同品的区别；提出将款冬酮作为款冬花质量控制指标，用来评价款冬花的质量，建立了款冬酮的检测方法，构建了药材款冬花的 HPLC 指纹图谱，制订了以款冬酮、金丝桃苷为重要指标的款冬花质量标准。综合运用多种现代先进中药质量控制技术，将化学定性、定量分析和化学指纹图谱分析结合，相互印证，较全面系统地反映了中药的内在质量，客观地对款冬花质量控制关键技术和评价指标进行了系统研究，建立了款冬花的质量控制关键技术和评价指标。

1. 款冬花本草考证

提出了宋代雍州款冬花为蜂斗菜 [*Petasites japonicus* (Sieb. et Zucc.) F. Schmidt]；另外，当时还有款冬花花梗掺伪的情况。

2. 款冬花组织显微学研究

指出款冬花的花柱二歧分枝状，每一分枝的内表面没有沟，可以与橐吾属植物区别。花柱顶端钝圆，表皮细胞分化成短绒毛状，分布在柱头顶端的周围，下端无毛；蜂斗菜的花柱顶端钻形，渐尖，有明显区别。本书还首次报道了款冬花叶片、叶柄、根、根茎的组织显微学鉴别结果。

3. 款冬规范化栽培研究

产地适宜性研究表明，重庆巫溪款冬栽培地的水质、大气符合国家药材栽培要求，除部分地方土壤 Cd 超标外，其余均符合国家标准。款冬栽培方式、密度与移栽时间研究表明：种植款冬的土壤坡度以 25°内为宜。款冬与玉米、马铃薯等轮作，能很好地克服款冬花的连作障碍。款冬的适宜栽培密度为 4 500 ~ 5 000 株/亩。款冬种植时间在农历"惊蛰"（3月上旬）以前，其产量没有明显的差异，并且比其他种植时间的产量高；种植时间在 3 月以后，产量明显下降，在田间观察也能看出明显差距；但在春节前栽种，其黄酮类成分含量明显高于春节以后栽培的。

肥效研究试验表明：施肥有利于提高款冬花的产量，钾肥和磷肥对提高款冬的产量更明显，氮肥和有机肥次之，在本试验土壤条件下，获得款冬高产的施肥量是氮肥（尿素，含 N 46%）: 6.5 kg·亩$^{-1}$，过磷酸钙（含 P_2O_5 11%）: 53 kg·亩$^{-1}$，氯化钾 10 kg·亩$^{-1}$，农家有机肥 2 600 kg·亩$^{-1}$。款冬施肥要薄施、勤施氮肥，多用农家肥，有机肥与无机肥混合使用，更能提高款冬花的产量。

4. 款冬花质量标准研究

本书对款冬花的水分，灰分，酸不溶性灰分，浸出物含量，As、Pb、Hg、Cd、Cu 含量，农药残留检查，微生物检查做了研究，首次报道了检查项目的研究结果。款冬花的水分测定为 4.78% ~ 7.46%，平均为 5.80%，考虑到花类药材的共性，要求水分含量低于 10%；款冬花的灰分为 6.92% ~ 21.96%，平均为 11.00%，酸不溶灰分为 3.82% ~ 12.71%，平均为 5.78%，在不同的产地其灰分与酸不溶性灰分有一定的差异，表明各产地的款冬花纯度不同，应该注意在采收加工中除杂；9 批样品的浸出物含量为 14.09% ~ 21.19%，平均为 16.81%，表明其内在质量有一定的相似性。款冬花的农药残留检查未检出高毒农药。款冬花的微生物检查中，9 批样品细菌数均接近 30 000、霉菌数接近 100，分析表明：药材采收后大多不清洗，直接干燥，将土壤中的微生物直接带到药材中，造成微生物指标偏高。今后应加强对其微生物污染的控制。As、Pb、Hg、Cd、Cu 的测定表明：As 的含量为 0.330 ~ 2.562 μg·g^{-1}，平均为 1.115 μg·g^{-1}；Pb 的含量为 0.89 ~ 2.7 μg·g^{-1}，平均为 1.825 μg·g^{-1}；

Hg 的含量为 0.00 ~ 0.296 μg·g^{-1}，有 5 个产地没有检出；Cd 的含量为 0.11 ~ 2.70 μg·g^{-1}，平均为 0.613 μg·g^{-1}，有 1 个产地含量较高，栽培时，我们没有选择 Cd 超标的产地；Cu 的含量为 11.6 ~ 19.4 μg·g^{-1}，平均为 15.65 μg·g^{-1}。

5. 款冬花中黄酮类成分的测定与品质评价

黄酮类成分为款冬花的有效成分和主要成分。本研究采用黄酮类成分作为质量评价指标，测定巫溪不同产地的芦丁和总黄酮。结果表明：巫溪不同产地的款冬花中芦丁含量接近，平均为 22.2%，质量易于控制；总黄酮含量平均为 8.45%，不同产地间差异较小。

6. 栽培方式对款冬花品质的影响研究

栽培方式对款冬花品质的影响是研究任务中比较繁重的部分，研究的内容众多，包括不同栽培时间、不同栽培方式、不同施肥种类、浓度、不同肥料的配比、不同植物调节剂的影响等；研究的时间较长，要经过 2 个自然收获期等，需要测试的样品量大。本研究在重庆市中药研究院同仁的协助下，经过 3 年的不懈努力，完成了该项研究。

对款冬花中芦丁的含量测定和测定结果的统计分析表明，影响款冬花黄酮类成分的因素是多方面的，特别是栽培的时间与芦丁含量显著相关，冬季栽培的款冬花中芦丁的平均含量为 0.470%，春季栽培的款冬花中芦丁的平均含量为 0.348%，冬栽款冬比春栽款冬的芦丁含量要高 30%。我们认为：播种时间对款冬花品质有显著的影响，款冬以冬栽为宜。

较高水平钾肥能显著提高款冬花的品质，提高款冬花的芦丁含量；多施有机肥也能提高款冬花的芦丁含量。栽培时应注意钾肥与有机肥的施用，以提高款冬花的产量与质量。

款冬栽培密度、行栽、窝栽的栽培试验表明，芦丁含量与这些因素无显著相关性。对不同肥料试验的款冬花中芦丁含量测定和统计分析表明，不同肥料品种、不同肥料浓度、不同肥料的交叉试验，不同激素使用对款冬花的芦丁含量均无显著相关性，表现出复杂的关系，说明款冬花的芦丁含量与温度、大气、水分、土壤等自然因素关系密切，与肥料试验的影响关系不大。

7. 款冬酮检测方法的建立与含量测定

款冬酮为款冬花特有的有效成分，目前还未见有其他植物含有款冬酮的报道。以款冬酮作为款冬花质量评价的指标，可以准确区分款冬花和其他药材，专属性强，对于款冬花的质量控制有极其重要的意义。本书首次提出将款冬酮作为款冬花质量控制指标，用来评价款冬花的质量，建立了款冬酮的检测方法，测定个了全国 10 个主产地、5 个不同采收时期以及蜜制款冬花的款冬酮含量，初步建立了款冬花指纹图谱，制订了以款冬酮为重要指标的款冬花质量标准。

本研究采用了超声提取、加热回流提取等不同的提取方法，采用甲醇、乙醇、乙酸乙酯等不同的溶剂和不同的浓度，对款冬酮的提取方法做了研究，最后采用石油醚脱脂，甲醇提取的方法。HPLC 检测表明，此方法提取完全，杂质含量少，简便实用，可作为款冬酮提取的最佳手段。

款冬酮测定的方法学研究表明：用安捷伦 C_{18} 柱，150 mm × 4.6 mm × 0.5 μm；流动相：甲醇-水（80：20）；流速：0.8 mL·min^{-1}；波长：220 nm；柱温：20 ℃，可以将款冬酮完全分离。

测定结果表明：巫溪县双阳大坪村所产款冬花中款冬酮含量最高，为 0.057 7%，陕西蒲城、陕西彬县的野生款冬花含量最低，为 0.012 2%，款冬花中平均款冬酮含量为 0.030 2%。栽培款冬花的含量明显高于野生款冬花，有显著差异。

本研究为中药材的质量控制关键技术和评价标准研究提供了方法学研究基础，同时为建立款冬花的质量控制关键技术和评价标准提供科学的依据。

8. 金丝桃苷的含量测定

不同产地的款冬花中金丝桃苷含量差异较大，平均为 0.026%。对金丝桃苷的测定有利于款冬花的质量控制，特别适合于不同产地、不同栽培方式的款冬花的鉴定。

9. 款冬花内生菌的分离及抗菌活性研究

从新鲜款冬的根、茎、叶各部分组织中共分离得到内生菌 13 株，其中内生细菌 6 株、内生真菌 7 株。分离的内生真菌 TE-R7 初步鉴定为镰刀菌属（*Fusarium*）真菌，对枯草芽孢杆菌、肺炎氏链球菌、大肠杆菌、铜绿假单孢杆菌、白色念珠球菌等有明显的抑菌作用，抑菌 $\Phi \geq 15$ mm。对枯草芽孢杆菌、大肠杆菌、铜绿假单孢杆菌、白色念珠球菌等的最低抑菌浓度 MIC 小于 5 mg·mL^{-1}，表明其具有很强的抗菌活性。款冬内生菌对一些作物的病原菌也有明显的抑制作用，今后可以作为生物农药来研究。

综上所述：经过 3 年多的研究，本书对款冬花的本草学研究提出了新的见解，完善了款冬花的本草考证内容。在款冬的组织显微学研究中，强调款冬花花柱的鉴别特征，指出了款冬花与其他易混药材的鉴别特征；首次完成了叶、根、根茎的显微鉴别，拓展了款冬花的组织显微学研究范围。在款冬栽培研究中，本书报道了款冬花栽培方式和肥效研究试验结果，报道了栽培方式和肥效试验对款冬花所含黄酮类成分的影响，首次提出了款冬花的GAP 种植标准和药材质量标准，为款冬花的规范化栽培和质量检测提供借鉴方法。

为了制订科学、专属的药材质量标准，本书完成了款冬花检查项目的研究，弥补了《中国药典》（2005 年版）对款冬花检查项目的空白；完成了款冬花中特有的有效成分款冬酮的含量测定，初次测定了不同产地款冬花中款冬酮的含量，并以此作为款冬花质量评价的重要指标。另外，本研究还从款冬花中分离出具有抗菌作用的镰刀菌属（*Fusarium*）内生真菌，为以后进一步研究奠定了基础。

8.2　进一步研究展望

由于条件、时间的关系，本研究还有许多值得进一步深化和改进的地方。从全国各地采收的款冬花的样本数量还不够多，对款冬花的采收、加工的研究还有待完善，对款冬花的病虫害防治的研究需加强。国内有人从中分离得到绿原酸类化合物，为研究款冬花的抗病毒、抗癌、抗炎药理作用提供了新的思路[34]。展望国外的研究概况，先进技术（克隆技术）的应用能降低款冬花的毒性，减轻其生物碱对人体的危害[35]，为我们今后对款冬花的研究提供了新思路。

参考文献

[1] 赵帅. 款冬花栽培技术[J]. 中国农技推广，2002（5）：17-18.

[2] 中华人民共和国卫生部药典委员会. 中华人民共和国药典 2005 版 1 部 [S]. 广州：广东科技出版社，2005：233.

[3] 李时珍. 本草纲目[M]. 北京：人民卫生出版社，1982：1054-1055.

[4] 徐树楠，牛兵占. 神农本草经[M]. 石家庄：河北科学技术出版社，1996：84.

[5] 陶弘景. 本草经集注[M]. 尚志钧，等，辑校. 北京：人民卫生出版社，1994：294.

[6] 苏颂. 图经本草[M]. 福州：福建科学技术出版社，1988：179-180.

[7] 唐慎微. 大观本草[M]. 合肥：安徽科技出版社，2003.

[8] 李中立. 本草原始[M]. 北京：人民卫生出版社，2007：120-121.

[9] 王好古. 汤液本草[M]. 北京：人民卫生出版社，1987：110-111.

[10] 刘若金. 本草述校注[M]. 北京：中医古籍出版社，2005：273-274.

[11] 倪家漠. 本草汇言[M]. 北京：中医古籍出版社，2005：164-165.

[12] 王筠默，王桓芬. 神农本草经校正[M]. 长春：吉林科学技术出版社，485-487.

[13] 张愚著. 楚辞译注[M]. 长春：山东教育出版社，1986：4，5，21.

[14] 田锡存. 野生款冬花首次在长白山北坡发现[J]. 植物杂志，2000，2：21.

[15] 罗献瑞，高沛璋，陈伟球，等. 中国植物志 71 卷第 1 分册[M]. 北京：科学出版社，1999.

[16] 王秀杰. 款冬花与蜂斗菜的鉴别[J]. 中国药业，2002，11（8）：65.

[17] 石勇. 常见款冬花掺伪鉴别[J]. 时珍国医国药，2001，12（1）：2.

[18] 刘建全. 东亚千里光族款冬亚族的花部微观性状及其系统与分类学意义[J]. 植物研究，2001，21（1）：11-17.

[19] 贾敏如，李星炜，张浩，等. 中国民族药志要[M]. 北京：人民卫生出版社，1982：623.

[20] 陈兴福，刘思勋，刘岁荣，等. 款冬花生长土壤的研究[J]. 中药研究与信息，2003，5（5）：20-24.

[21] 张献菊，沈力，付绍智. 款冬花产地加工新技术研究[J]. 实用医技杂志，2004，11（6B）：1024-1026.

[22] 于欣源，杨晓红，周小平. 菊科植物化学成分及药理作用研究进展[J]. 吉林大学学报：医学版，2005，1：159-162.

[23] 高慧琴，马骏，林湘. 栽培品款冬花止咳化痰作用研究[J]. 甘肃中医学院学报，2001，18（4）：20-22.

[24] 曹纬国，刘志勤，邵云，等. 黄酮类化合物药理作用的研究进展[J]. 西北植物学报，2003，23（12）：2241-2247.

[25] KIM M R, LI J Y, LEE H H. Antioxidative effects of quercetin-glycosides isolated from the flower buds of *Tussilago farfara* L.[J]. Food and Chemical Toxicology，2006，44：1299-1307.

[26] 郭玫，等. 甘肃产款冬花栽培品与野生品的质量比较[J]. 中药材，2001，11.

[27] 刘毅，叶玉兰，万德光，等. 高效液相测定不同产地款冬花的芦丁含量[J]. 时珍国医国药，2007，18（11）：2722-2723.

[28] 徐静，高玲，谢永慧，等. 倍半萜内酯化合物药理作用[J]. 中国热带医学，2007，7（4）：623-624.

[29] 石巍，高建军，韩桂秋. 款冬花化学成分研究[J]. 北京医科大学学报，1996，28（4）：308.

[30] 李一平，王筠默. 款冬酮对清醒狗和失血性休克狗血流动力学的影响[J]. 药学学报，1987，22（7）：486.

[31] 付佳，王洋，阎秀峰. 萜类化合物的生态功能及经济价值[J]. 东北林业大学学报，2003，31（6）：59-62.

[32] TUNALI B, et al. First report of the rust fungus Coleosporium tussilaginis on *Tussilago farfara* L. in Turkey[J]. Plant Disease，2005，89（10）：1131.

[33] 张晓瑞. 植物内生菌及其开发应用研究进展[J]. 现代生物医学进展，2007，7（11）：1747-1750.

[34] 刘玉峰，杨秀伟，武滨. 款冬花化学成分的研究[J]. 中国中药杂志，2007，32（22）：2378-2381.

[35] WAWROSCH C, et al. Permanent monitoring of pyrrolizidine alkaloid content in micropropagated *Tussilago farfara* L.[J]. Acta Horticulturae, 2000（530）: 469-472.

[36] 李仲葓, 郭玫, 等. 用高效液相色谱法测定款冬花中芦丁的含量[J]. 甘肃中医学院学报, 2002, 17（3）.

[37] 刘毅, 叶玉兰, 万德光, 等. 高效液相测定不同产地款冬花的芦丁含量[J]. 时珍国医国药, 2007, 18（11）: 2722-2723.

[38] 刘可越, 张铁军, 等. 款冬花的化学成分及药理活性研究进展[J]. 中国中药杂志, 2006, 31（22）: 1837-1841.

[39] LIU Y F, YANG X W, WU B. GC-MS analysis of essential oil constituents from buds of *Tussilago farfara* L.[J]. Journal of Chinese Pharmaceutical Sciences, 2006, 15（1）: 10-14.

[40] 刘晓冬, 卫永第, 等. 中药款冬花挥发油成分分析[J]. 白求恩医科大学学报, 1996, 22（1）: 33-34.

[41] 佘建清, 于怀东, 邹国林. 款冬花挥发油化学成分的 GC-MS 分析[J]. 中国中药杂志, 2005, 30（15）.

[42] Dictionary of Chinese materia medica[M]. Shanghai: Shanghai People's Publishing House, 1977: 2301-2303.

[43] 江林, 李正宇, 张慧萍. 炮制对中药微量元素的影响[J]. 中国中药杂志, 1990, 15（4）: 211.

[44] 高运玲, 潘正, 于晓丽, 等. 款冬花色素的提取与稳定性研究[J]. 重庆邮电学院学报: 自然科学版, 2006, 18（2）: 279-281.

[45] 王长岱, 主柳久男. 款冬花化学成分的研究[J]. 药学学报, 1989, 24（12）: 913-916.

[46] 张秀昌, 刘华, 刘玉玉, 等. 款冬花粗多糖体外诱导人白血病 K562 细胞的凋亡[J]. 中国组织工程研究与临床康复, 2007, 11（11）: 2029-2031.

[47] 张明发, 沈雅琴. 款冬花的药理毒理研究概况[J]. 中南药学, 2005, 3（3）: 165-167.

[48] 陈兴福, 刘思勋, 刘岁荣, 等. 款冬花生长土壤的研究[J]. 中药研究与信息, 2003, 5（5）: 22-24.

[49] TARUTINA O L. Ontogenetic morphogenesis in vegetative organs of *Tussilago farfara* L.: under conditions of culture[J]. Izvestiya Timiryazevskoiel's kokhozyaistvennoi Akademii, 2000（2）: 40-561.

附　录

附录 A　款冬花 GAP 标准操作规程

本研究经过 3 年的实施和基地建设，已基本完成了款冬花规范化种植项目的研究。款冬 GAP 标准操作规程于 2006 年通过国家认证，作者为研究负责人。现将款冬花生产管理规范（GAP）标准操作规程总结如下。

1　内容适用范围

本规程适用于重庆市巫溪县款冬花主要生产区，甘肃、陕西、山西、河北及其他产区均可参照执行。

2　质量及检测引用标准

大气环境质量标准 GB3095—1996；大气污染物最高允许浓度标准 GB9137—1988；农田灌溉水质标准 GB5084—1992；土壤环境质量执行二级标准 GB15618—1995；国家地面水环境质量标准 GB3838—2002；农药安全使用标准 GB4286—1989；农药残留检测 GB/T15517.1—1995；国家食品药品监督管理局《中药材质量管理规范（GAP）》；《中国药典》（2005 年版）。

3　栽培基地条件

3.1　款冬生长适宜的生态环境

款冬喜冷凉、潮湿环境，耐严寒，忌高温干旱，在气温 9 ℃以上就能出苗，气温在 15~25 ℃ 时生长良好，超过 35 ℃ 时，茎叶萎蔫，甚至会大量死亡。冬、春气温在 9~12 ℃ 时，花蕾即可出土盛开。喜湿润的环境，怕干旱和积水。在半阴半阳的环境和表土疏松、肥沃、通气性好、湿润的壤土中生长良好。忌连作，对款冬花连作试验的研究表明，连作土中的款冬花长势较弱，植株矮小，根系不发达，在生长后期（8 月以后）易罹病害。同样的田间管理，连作款冬花的单株结花数明显降低。款冬宜与玉米、马铃薯等轮作，能很好地克服其连作障碍。种植款冬有黄沙土、灰包土和黄灰包土 3 个主要类型，3 种土壤类型中，灰包土是种植款冬花最适宜的土壤，其次为黄灰包土。适宜款冬生长的土壤应肥沃、有机质含量高、土层疏松。

3.2　产地环境适宜性的选择

　　款冬花种植适宜海拔 1 000~2 000 m、坡度为 10°~25°的山地，坡度大易造成水土肥流失，易引起款冬花露根，前期影响其生长或植株死亡，后期影响花数和产品品质。气候、水质等其他条件符合款冬花生长发育和《中药材生产质量管理规范（试行）》的要求。款冬花在低海拔地区（低于 800 m）种植，容易遭受高温热害，导致植株死亡，且花数少，粒小，产量低；海拔高于 2 200 m，冻土早、解冻迟，款冬花生长期短，不利于款冬花采收。产地环境要求：大气符合国家大气环境质量二级标准，土壤符合国家耕作土壤二级标准，灌溉水符合国家农田灌溉水质量标准。款冬花 GAP 种植基地的水质符合地表水环境质量标准（GB3838—2002）一级标准。种植基地的大气符合环境空气质量（GB3095—1996）二级标准。

4　品种、种根质量要求

4.1　品种类型

　　款冬品种单一，为菊科植物款冬（*Tussilago farfara* L.）的干燥花蕾，家野兼有。野生主产于甘肃、山西、宁夏、新疆、陕西、内蒙古。家种主产于四川、陕西、山西、湖北、河南及重庆市城口、巫溪等地。

4.2　种根质量要求

　　11 月上旬采花蕾后，挖出地下根茎，随挖随栽。选粗壮，色白，无腐烂、变质和病虫害的根茎作种栽培。种根长 6 ~ 10 cm，每个种根应有 2 ~ 3 个节。每亩需种根约 35 kg。春栽需将根茎沙藏处理，移栽时种节不干瘪（即保持一定的含水量）。款冬花种苗纯度大于 95%，按种苗分级标准不得低于二级。

5 栽培技术要点

5.1 款冬花栽培期和栽植

5.1.1 栽培时间

款冬花可移栽期较长，从每年 12 月到翌年 4 月（土壤封冻除外）均可移栽，以冬季移栽最好。

5.1.2 栽培的密度和方式

款冬花可采用穴栽和条栽两种栽培方式。穴栽：按行距 25 ~ 30 cm、株距 15 ~ 20 cm 挖穴，深 8 ~ 10 cm，每穴栽种苗 3 节，散开"品"字形排列，栽后立即覆土盖平。行栽：按行距 25 cm 开沟，深 8 ~ 10 cm，每隔 10 ~ 15 cm（株距）平放入种根 1 节，随即覆土压紧与畦面齐平。款冬的适宜栽培密度为 4 500 ~ 5 000 株·亩$^{-1}$。

5.2 施 肥

5.2.1 施肥量的确定

款冬属喜肥植物，在其生长发育过程中，需要从土壤中不断吸收氮、磷、钾以及其他微量元素。肥料充足，款冬生长旺盛，枝叶繁茂，叶色深绿，有利提苗；但是，款冬前期生长过于旺盛，容易造成款冬徒长和受到病虫害侵袭。款冬生育期吸收 N、P、K 的比例近于 8∶1∶3，吸收 K、Ca、Mg 的比例近于 3∶3.5∶1。施肥有利于提高款冬花的产量，钾肥和磷肥对提高款冬花的产量作用更明显，氮肥和有机肥次之，在本试验土壤条件下，获得款冬高产的施肥量是氮肥（尿素，含 N 46%）：6.5 kg·亩$^{-1}$，过磷酸钙（含 P_2O_5 11%）：53 kg·亩$^{-1}$，氯化钾 10 kg·亩$^{-1}$，农家有机肥 2 600 kg·亩$^{-1}$。

5.2.2 施底肥

施有机肥必须腐熟，以杀死杂草种子，避免有机肥在土中发酵，造成款冬烂根和病害。款冬花移栽时施有机肥一般每亩 1 500 kg。如果在冬季移栽，每亩可加施过磷酸钙 20～30 kg；如果在春季移栽，每亩可加施尿素 5 kg、过磷酸钙 20 kg、硫酸钾 5～8 kg。根据生产调查，施底肥可增产 15%左右。因此，建议生产上栽培款冬时施用底肥。

5.2.3 施追肥

款冬追肥可仍以农家肥为主，配合施加适量化学肥料。在移栽后 2～3 个月内，可薄施腐熟的人畜粪和尿素、碳酸氢铵，根据需要可适当增加施肥次数。进入生长旺盛期，应控制氮肥的施用，注意多施磷-钾肥。

追肥时间和次数：款冬花 4 月上旬出苗展叶后，到 7 月生长前期可追第一遍肥（可根据生长情况酌情多施 1～2 次），然后在 8 月下旬或 9 月上旬追施第二遍肥，10 月追施第三遍肥。

追肥方法：生长前期，采用以水代肥法，将肥按需要浓度溶于水中，直接把肥液灌到地面的款冬行中间每窝中，每窝灌肥液约 1 kg，每窝扎灌深度 10～15 cm。生长后期（9 月以后），于株旁开沟或挖穴施入，施后用畦沟土盖肥，并进行培土，以保持肥效。

追肥量：4 月上旬出苗展叶后，可每亩施清粪水 1 000 kg 和尿素 10 kg；9 月上旬，每亩追施火土灰或堆肥 1 000 kg 和尿素 5 kg、过磷酸钙 15 kg、钾肥 5～8 kg；10 月，每亩再追施堆肥 1 200 kg 与过磷酸钙 15 kg、钾肥 5～8 kg。

5.3 植株调整和中耕除草

5.3.1 植株调整

在 6～8 月盛叶期，叶片过于茂密会造成通风、透光不良，影响花芽分化，使款冬易罹病虫害。要摘除重叠、枯黄和感染病害的叶片，每株只留 3～4 片叶即可。

5.3.2 中耕除草

在 4 月上旬款冬出苗展叶后，结合补苗，进行第 1 次中耕除草，此时苗根生长缓慢，应浅松土，避免伤根；在 6～7 月进行第 2 次，此时苗叶已出齐，根系生长发育良好，中耕可适当加深；9 月上旬进行第 3 次，此时地上茎叶已逐渐停止生长，花芽开始分化，田间应保持无杂草。中耕除草时间和次数应根据款冬生长情况和杂草危害程度具体确定。

5.4　培　土

　　培土是在款冬生长后期，即在 9 月和 10 月间，结合款冬花施肥和中耕除草进行，将茎干周围的土培于款冬窝心。培土时要注意撒均匀，每次培土以能覆盖茎干为宜，用于培土的土壤要求透气性良好。

5.5　病虫害及其防治

5.5.1　病　害

　　款冬花的主要病害有褐斑病、菌核病、枯叶病。应采用综合防治的措施处理：采收后清洁田园，集中烧毁残株病叶；雨季及时疏沟排水，降低田间湿度；及时疏叶，摘除病叶。褐斑病在 7 ~ 8 月发病初期喷 1∶1∶100 波尔多液，或 65%代森锌 500 倍液，或 75%百菌清可湿性粉剂 500 ~ 600 倍液，或 50%多硫悬浮剂 500 倍液，或 36%甲基硫菌灵悬浮剂 500 倍液，或 50%混杀硫悬浮剂 500 倍液，或 77%可杀得可湿性粉剂 400 ~ 500 倍液，每 7 ~ 10 d 喷 1 次，连喷 2 ~ 3 次。菌核病可选用 40%施佳乐悬浮剂 800 倍液，或 40%菌核利可湿性粉剂 400 倍液，或 50%农利灵可湿性粉剂 1 000 倍液喷雾，7 ~ 10 d 防治一次。枯叶病在发病初期或发病前，喷施 1∶1∶120 波尔多液，或 50%退菌特 1 000 倍液，或 65%代森锌 500 倍液，或 40%多菌灵胶悬剂 500 倍液，或 90%疫霜灵 1000 倍液，每 7 ~ 10 d 喷 1 次，连喷 2 ~ 3 次。

5.5.2　虫　害

　　款冬花的主要虫害有蚜虫、蛴螬。

　　防治蚜虫应在收获后清除杂草和残株病叶，消灭越冬虫口。发生时，喷施 40%乐果 3 000 倍液，或 50%灭蚜松乳剂 1 500 倍液，间隔 7 ~ 10 d，连喷 2 次。收获前 40 d 停止用药。

　　防治蛴螬应深耕细耙。将部分成虫、幼虫翻至地表，使其风干、冻死或被天敌捕食、机械杀伤等，在耕翻时随机拾虫。施用充分腐熟的有机肥，防止招引成虫飞入田间产卵。浇水整田，使土壤含水处于饱和状态，影响其卵孵化和低龄幼虫成活。在 6 月下旬蛴螬发生盛期，每天黄昏后直接人工捕虫，能收到非常好的效果。化学防治方法：药剂灌根，在蛴螬发生较重的田块，用 80%敌百虫可湿性粉剂，或 25%西维因可湿性粉剂各 800 倍液灌根，每株灌 150 ~ 250 mL，杀死根际附近的幼虫；喷药防治，幼虫出土期用 40%氧化乐果 700 ~ 800 倍液喷施在款冬花田中杂草上，隔 7 ~ 10 d 喷 1 次，连续 2 ~

3 次；或用 48%乐斯本乳油 300 ~ 400 mL，兑水 800 ~ 1 000 倍，喷湿地表或浇地时随水施入，防治效果更好。

5.6 采收与加工

5.6.1 采收季节

立冬后土未封冻前采收。过早，因花蕾还未完成生长，其苞片未呈紫色（为白色），影响产量和品质；过迟，土已封冻，不便采收。到第二年土壤解冻后采挖（2 月中下旬），已有少量开放，因此，应控制好采挖时间。

5.6.2 收获方法

收获工具主要有锄头、撮箕、背篓等。采收要精挖细收，土里尽量不留款冬花花蕾。用锄头将植株连根挖出后，从茎干上摘下花蕾，放入竹筐内，不能重压，不要水洗，否则花蕾干后变黑，容易腐烂。采挖时应选择晴天，易抖落泥沙。

5.6.3 加工

加工设备：干燥炕或烘箱、笆簟、晒席等。花蕾采后立即薄摊于通风干燥处晾干。经 3 ~ 4 d 水汽干后，用筛子筛去泥土，除净花梗、杂物等非药用部分，再晾至全干即成。遇阴雨天气，用木炭或无烟煤以文火烘干，温度控制在 40 ~ 50 ℃。烘干时，花蕾不宜摊放太厚，5 ~ 7 cm 即可，时间也不宜太长，而且要少翻动，以免损伤外层苞片，影响药材商品品质。

6 质量标准及检测

6.1 质量标准

外观形状：干燥花蕾呈不整齐棍棒状，常 2 ~ 3 个花序连生在一起，长 1 ~ 2.5 cm，直径 6 ~ 10 mm。上端较粗，中部稍丰满，下端渐细或带有短梗。花头外面被多数鱼鳞状苞片，外表面呈紫红色或淡红色。苞片内表面布满白色絮状毛茸。气清香，味微苦而辛，嚼之显棉絮状。以朵大、色紫红、无花梗者为佳。大多为统装。

6.2　质量监测

由于药典上没有规定对款冬花的成分检测，课题组通过高效液相色谱法测定[3]，暂定款冬花的芦丁含量不得低于 0.16%；款冬酮含量不低于 0.012%；参照《中国药典》（2005 年版）附录的相关规定检测[2]，要求：水分不得超过 10%；灰分不得超过 20%；酸不溶性灰分不得超过 15%；浸出物不得低于 11%。

依据 GB/T5009.19—2003 检测标准，暂定农药残留：六六六、DDT 不得检出；砷盐及重金属铅、镉、汞：分别按 GB/T5009 的 12、15、17、11 检测。铅含量不得过 5.0 mg·kg^{-1}，镉含量不得过 0.3 mg·kg^{-1}，汞含量不得过 0.2 mg·kg^{-1}，砷含量不得过 2.0 mg·kg^{-1}。

微生物限度检查：依据《中国药典》（2005 年版）一部附录ⅩⅢ　C 微生物限度检查法[2]，细菌总数 1 g 不得超过 30 000 个，霉菌总数 1 g 不得超过 100 个。

7　包装、储藏与运输

包装材料选用聚乙烯无毒制品。款冬花的内外包装均须符合《中华人民共和国食品卫生法》第 8、9、10 条之规定。款冬花成品在高温多湿情况下易生虫发霉。仓储期间应定期检查，发现虫蛀、霉变、鼠害等及时采取措施。若生霉生虫，要及时晾晒，或采用密封充氮降氧养护。

附录 B　款冬花药材质量标准

1　鉴　别

　　来源：款冬花（*Flos farfara*）为菊科植物款冬（*Tussilago farfara* L.）的干燥未开放花蕾。

　　药材鉴别：干燥花蕾呈不整齐棍棒状，常 2~3 个花序连生在一起，长 1~2.5 cm，直径 6~10 mm。上端较粗，中部稍丰满，下端渐细或带有短梗。花头外面被有多数鱼鳞状苞片，外表面呈紫红色或淡红色。苞片内表面布满白色絮状毛茸。气清香，味微苦而辛，嚼之显棉絮状。以朵大、色紫红、无花梗者为佳。

　　显微鉴定：粉末：棕色，棉绒状。① 非腺毛极长，1~4 细胞，顶端细胞长，扭曲盘绕成团，直径 5~17 μm，壁薄。② 腺毛略呈棒槌形，长 104~216 μm，直径 16~52 μm，头部稍膨大，4~6 细胞；柄部多细胞，2 列（侧面观现 1 列）。③ 冠毛为多列性分枝状毛，各分枝单细胞，先端渐尖。④ 花粉粒类圆球形，直径 28~48 μm，具 3 孔沟，表面有尖刺。⑤ 花粉囊内壁细胞表面呈类长方形，具纵向条状增厚壁。⑥ 苞片表皮细胞表面垂周壁薄或略呈连珠状增厚，具细波状角质纹理；边缘的表皮细胞呈绒毛状。⑦ 筒状花冠裂片边缘的内表皮细胞类长圆形，有角质纹理。⑧ 柱头为二歧分枝状，花柱表面连续无沟；表皮细胞分化成短绒毛状，分布在柱头顶端的周围，下端无毛，柱头分枝顶端钝圆，柱头表皮细胞外壁乳头状突起，有的分化成短绒毛状。此外，有厚壁细胞、含黄色分泌物的分泌细胞及菊糖团块。

　　理化鉴别：分别取巫溪县不同产地的款冬花样品 1#~9#各 50 g，粉碎，过 20 目筛，备用。分别取各样品粉末 1.0 g，各加乙醇 50 mL，回流 1 h，过滤，减压回收乙醇，残留物加甲醇 1 mL 溶解，并定容，摇匀，作为样品溶液。

　　另取芦丁对照品，加甲醇制成 1 mg·mL^{-1} 的溶液，作为对照品溶液，照薄层色谱法［《中国药典》（2010 年版）附录Ⅵ B］试验。吸取供试品溶液各 5 μL，对照品溶液 2 μL，分别点于同一硅胶 G 薄层板上，用乙酸乙酯-甲酸-水（8∶1∶1）展开后，取出，晾干，各供试品色谱中在与对照品芦丁相应的位置显相同的黄色斑点。

黄酮鉴别：取上供试品溶液各 2 μL，点于同一滤纸条上，喷洒 5%三氯化铝乙醇溶液，晾干后，黄色斑点于紫外荧光下显明显的亮蓝色荧光。

2　检　查

水分：按照《中国药典》（2005 年版）附录Ⅸ H 水分测定法第一法进行测定，暂定款冬花水分不得超过 10%。

灰分、酸不溶灰分：按照《中国药典》（2005 年版）附录Ⅸ K 灰分测定法进行测定，灰分不得超过 20%，酸不溶性灰分不得超过 15%。

浸出物：按照《中国药典》（2005 年版）附录Ⅹ A 浸出物测定法进行测定，浸出物不得低于 11%。

农药残留：检测依据 GB/T5009.19—2003，六六六（$mg \cdot kg^{-1}$）、DDT（$mg \cdot kg^{-1}$），药材中不得检出。

重金属 As、Pb、Hg、Cd、Cu 测定（$mg \cdot kg^{-1}$），用原子吸收（见本书 5.2.4）法测定，款冬花药材中的 As、Pb、Hg、Cd、Cu 含量应符合绿色食品标准。

微生物限度检查：依据《中国药典》（2005 年版）一部附录ⅩⅢ C 微生物限度检查法，细菌总数 1 g 不得超过 30 000 个，霉菌总数 1 g 不得超过 100 个，

3　含量测定

芦丁的测定：按照本书 5.3 的方法和测试条件，对芦丁含量进行测定，款冬花中芦丁的含量不得低于 0.16%。

总黄酮的测定：按照本书 5.3 的方法和测试条件，对总黄酮含量进行测定，款冬花中的总黄酮含量不得低于 7.0%。

金丝桃苷的测定：不同产地的款冬花中金丝桃苷含量差异较大，平均为 0.026%，对金丝桃苷的测定有利于款冬花的质量控制，特别适合于不同产地、不同栽培方式的款冬花的鉴定。

款冬酮的测定：按照本书 6.1.3 的方法和测试条件，对款冬花中所含的款冬酮含量进行测定，款冬花中的款冬酮含量不得低于 0.012%。

附录 C　款冬花规范化生产技术标准
操作规程起草说明（SOP）

前　言

《中华人民共和国药典》（2010 年版）收载款冬花为菊科（Asteraceae）植物款冬（*Tussilago farfara* L.）的干燥花蕾。主产于河南、甘肃、陕西、山西、重庆、四川、青海、内蒙古等地。异名：冬花、款花、艾冬花、看灯花、九九花。是祛痰镇咳之良药，为我国常用中药材。

款冬性喜凉爽潮湿环境，耐严寒，忌高温、干旱，适宜生长温度为 15 ~ 25 ℃。原为野生供药用，现多为栽培品。由于全球气候转暖，款冬花的种植地海拔逐渐升高，加之干旱、洪涝等自然灾害的影响，款冬花的种植面积逐渐减少。

巫溪县位于重庆东北、大巴山东段南侧，川、陕、鄂、渝四省（市）交界处，位于北纬 31°14′ ~ 31°44′、东经 108°44′ ~ 109°58′。东西长 122.25 km，南北宽 54.7 km，区域呈"菱"形轮廓，辖区面积 4 025.53 km²。巫溪山高林密，境内地形复杂，高低相差悬殊，小气候和垂直气候带表现很明显，药材生长环境得天独厚，素有"药材之乡"的美誉。《山海经》载：有灵山者，"十巫从此升降，百药爱在"。在古代，今巫溪、巫山是名巫云集采药的地方，许多名贵药材见著于《神农本草经》。晚清及民国时期，家种黄连、党参已初具规模。新中国成立后，政府既鼓励农民采挖野生药材，又采取多种措施开展家种试验和引种栽培。至 1988 年，全县家种中药材 30 多种，全部在地面积 7.4 万亩，总产量 1 299 t，总产值 174 万元，显示出药材生产的经济优势。

款冬花（*Flos farfara*）在巫溪驯化栽培已有 100 多年历史，根据史料和生产现状调查，重庆巫溪是我国款冬花的最早栽培地区之一，也是全国最大的款冬花种植区之一。由于"回归自然"的兴起和人类疾病谱的变化，款冬花已成为常用中药材，市场需求量逐渐增加；又由于其生长环境的特殊性，种植和加工技术要求高等特点，大面积推广种植、加工款冬花难度大。20 世纪 50 年代，巫溪县即进行了中药材种植技术推广示范，先后对款冬花等药材种植技术进行了规范。由于种植的药材质优、种类多、量大，1958 年被国务院授予"药材生产红旗县"。鉴于此，从 20 世纪 90 年代末期，重庆远帆药业公司和重庆市中药研究院合作开展了"巫溪款冬花规范化种植技术及 GAP 示范基地建设"的专项课题研究，在巫溪县还开展了"款冬花栽培技术研究""款冬花种苗生产技术及推广研究"，对款冬花规范化种植、加工、贮藏以及质量标准进行了系统研究，取得了一系列研究成果。

巫溪款冬花规范化种植技术操作规程（SOP）是在总结传统款冬花生产技术经验的基础上，结合多年来重庆市中药研究院和重庆远帆药业公司所取得的对款冬花生产研究成果，总结、提炼、编撰而成，为保证其科学和严谨，特将制订起草规程（SOP）的有关技术依据进行如下说明。

1 关于巫溪款冬花产地环境适宜性的选择说明

巫溪款冬花种植适宜海拔 1 000～2 000 m，主要在巫溪县东部的通城、双阳，北部的下堡、土城、和平、白鹿、鱼鳞等乡（镇）的传统产地，土壤主要为黄沙土、灰包土、黄灰包土 3 个类型，坡度为 10°～25°的山地，气候、水质等其他条件符合款冬花生长发育和《中药材生产质量管理规范（试行）》的要求。

巫溪款冬花产地环境适宜性的选择主要根据为"款冬花生长土壤的研究""款冬花生物学特性研究"以及"款冬花生产情况调查"等相关调查研究结果而确定。款冬花在低海拔地区（低于 800 m）种植，容易遭受高温热害，导致植株死亡，且花数少，粒小，产量低；海拔高于 2 200 m，冻土早、解冻迟，款冬花生长期短，不利于款冬花采收。根据管理规范的要求，对巫溪款冬花种植基地的环境条件进行了测试、评估。结果表明：大气符合国家大气环境质量二级标准，产地土壤符合国家耕作土壤二级标准，灌溉水符合国家农田灌溉水质量标准。巫溪款冬花规划种植区内的环境条件符合国家《中药材生产质量管理规范》的要求。农环质量监测抽样检验结果详见表 C.1 至表 C.3。

表 C.1　水样监测结果一览表

项目	采样点								
	通城乡	尖山镇九狮坪	长桂乡	兰英乡	鱼沙乡	龙台乡	中岗乡	皂角乡	咸水乡
总汞/mg·L⁻¹	未检出	未检出	未检出	未检出	未检出	未检出	未检出	未检出	未检出
总镉/mg·L⁻¹	未检出	未检出	未检出	未检出	未检出	未检出	未检出	未检出	未检出
总砷/mg·L⁻¹	未检出	未检出	未检出	未检出	未检出	未检出	未检出	未检出	未检出
总铅/mg·L⁻¹	未检出	未检出	未检出	未检出	未检出	未检出	未检出	未检出	未检出
铬（六价）/mg·L⁻¹	0.001	0.001	0.001	0.001	0.001	0.001	0.002	0.001	0.02
氯化物/mg·L⁻¹	11	11	17	13	9	16	11	19	10
氟化物/mg·L⁻¹	0.4	0.5	0.7	0.7	0.6	0.5	0.9	0.8	0.4
氰化物/mg·L⁻¹	未检出	未检出	未检出	未检出	未检出	未检出	未检出	未检出	未检出
pH	7.6	7.0	7.4	7.8	6.9	7.7	7.6	7.4	7.4
细菌总数/个·L⁻¹	3 000	2 000	3 000	4 000	4 000	6 000	5 000	5 000	5 000
总大肠杆菌数/个·L⁻¹	1.0	1.0	1.0	1.0	1.0	1.0	1.0	1.0	1.0
项目	采样点								
	白鹿镇	易溪乡	鱼鳞乡	乌龙乡	下堡乡	天元乡	和平乡	土城乡	万古乡
总汞/mg·L⁻¹	未检出	未检出	未检出	未检出	未检出	未检出	未检出	未检出	未检出
总镉/mg·L⁻¹	未检出	未检出	未检出	未检出	未检出	未检出	未检出	未检出	未检出
总砷/mg·L⁻¹	未检出	未检出	未检出	未检出	未检出	未检出	未检出	未检出	未检出
总铅/mg·L⁻¹	未检出	未检出	未检出	未检出	未检出	未检出	未检出	未检出	未检出
铬（六价）/mg·L⁻¹	0.001	0.001	0.001	0.001	0.002	0.001	0.002	0.001	0.01
氯化物/mg·L⁻¹	8	11	10	11	18	14	17	11	12
氟化物/mg·L⁻¹	0.5	0.6	0.5	0.7	0.8	0.6	0.5	0.6	0.4
氰化物/mg·L⁻¹	未检出	未检出	未检出	未检出	未检出	未检出	未检出	未检出	未检出
pH	6.7	7.0	7.4	7.8	7.3	7.7	7.4	7.6	7.4
细菌总数/个·L⁻¹	6 000	2 000	2 000	4 000	7 000	3 000	3 000	4 000	4 000
总大肠杆菌数/个·L⁻¹	2.0	1.0	1.0	1.0	2.0	1.0	1.0	1.0	1.0

续表 C.1

项目	采样点								
	高楼乡	高竹乡	徐家镇	胜利乡	中鹿乡	马坪乡	尖山镇	上磺镇	前河乡
总汞/mg·L^{-1}	未检出	未检出	未检出	未检出	未检出	未检出	未检出	未检出	未检出
总镉/mg·L^{-1}	未检出	未检出	未检出	未检出	未检出	未检出	未检出	未检出	未检出
总砷/mg·L^{-1}	未检出	未检出	未检出	未检出	未检出	未检出	未检出	未检出	未检出
总铅/mg·L^{-1}	未检出	未检出	未检出	未检出	未检出	未检出	未检出	未检出	未检出
铬（六价）/mg·L^{-1}	0.001	0.001	0.001	0.001	0.002	0.002	0.002	0.002	0.01
氯化物/mg·L^{-1}	12	9	10	11	17	12	13	19	9
氟化物/mg·L^{-1}	0.7	0.6	0.5	0.7	0.6	0.5	0.4	1.6	0.4
氰化物/mg·L^{-1}	未检出	未检出	未检出	未检出	未检出	未检出	未检出	未检出	未检出
pH	7.2	7.0	6.6	6.9	7.0	7.3	7.4	6.6	7.0
细菌总数/个·L^{-1}	4 000	2 000	3 000	6 000	5 000	6 000	7 000	7 000	6 000
总大肠杆菌数/个·L^{-1}	1.0	1.0	1.0	1.0	1.0	1.0	2.0	2.0	1.0

项目	采样点						
	后河乡	天星乡	正溪乡	双阳乡	大河乡	宁厂镇	中梁乡
总汞/mg·L^{-1}	未检出	未检出	未检出	未检出	未检出	未检出	未检出
总镉/mg·L^{-1}	未检出	未检出	未检出	未检出	未检出	未检出	未检出
总砷/mg·L^{-1}	未检出	未检出	未检出	未检出	未检出	未检出	未检出
总铅/mg·L^{-1}	未检出	未检出	未检出	未检出	未检出	未检出	未检出
铬（六价）/mg·L^{-1}	0.001	0.001	0.002	0.001	0.001	0.001	0.002
氯化物/mg·L^{-1}	10	12	12	16	13	12	13
氟化物/mg·L^{-1}	0.7	0.5	0.5	0.8	0.7	0.6	0.4
氰化物/mg·L^{-1}	未检出	未检出	未检出	未检出	未检出	未检出	未检出
pH	6.8	7.2	6.8	7.4	6.8	7.0	7.4
细菌总数/个·L^{-1}	3 000	3 000	4 000	3 000	9 000	5 000	7 000
总大肠杆菌数/个·L^{-1}	1.0	1.0	1.0	1.0	2.0	1.0	2.0

评价结论：上述检测结果（C.1）表明，款冬花 GAP 种植基地的水质符合地表水环境质量标准（GB3838—2002）一级标准。

表 C.2　大气监测结果一览表

项目	采样点								
	通城乡	尖山九狮坪	长桂乡	兰英乡	鱼沙乡	龙台乡	中岗乡	皂角乡	咸水乡
$SO_2/mg \cdot m^{-3}$	0.03	0.01	0.02	0.03	0.01	0.05	0.02	0.03	0.04
$TSP/mg \cdot m^{-3}$	0.11	0.02	0.06	0.07	0.09	0.09	0.07	0.08	0.08
$NO_x/mg \cdot m^{-3}$	0.001	0.001	0.001	0.001	0.001	0.001	0.001	0.001	0.001
氟化物/$mg \cdot m^{-3}$	5.9	3.1	3.1	5.0	2.8	3.9	4.6	4.2	3.9

项目	采样点								
	白鹿镇	易溪乡	鱼鳞乡	乌龙乡	下堡乡	天元乡	和平乡	土城乡	万古乡
$SO_2/mg \cdot m^{-3}$	0.05	0.02	0.02	0.03	0.04	0.02	0.03	0.02	0.04
$TSP/mg \cdot m^{-3}$	0.12	0.07	0.06	0.07	0.10	0.08	0.11	0.07	0.08
$NO_x/mg \cdot m^{-3}$	0.001	0.001	0.001	0.001	0.001	0.001	0.001	0.001	0.001
氟化物/$mg \cdot m^{-3}$	5.6	3.8	3.3	4.5	4.7	3.6	5.1	4.4	4.8

项目	采样点								
	高楼乡	高竹乡	徐家镇	胜利乡	中鹿乡	马坪乡	尖山镇	上磺镇	前河乡
$SO_2/mg \cdot m^{-3}$	0.04	0.02	0.05	0.02	0.04	0.05	0.02	0.05	0.03
$TSP/mg \cdot m^{-3}$	0.10	0.06	0.13	0.09	0.08	0.11	0.14	0.13	0.13
$NO_x/mg \cdot m^{-3}$	0.001	0.001	0.001	0.001	0.001	0.001	0.001	0.001	0.001
氟化物/$mg \cdot m^{-3}$	4.6	3.9	4.8	5.9	4.3	3.3	3.5	6.9	4.6

项目	采样点						
	后河乡	天星乡	正溪乡	双阳乡	大河乡	宁厂镇	中梁乡
$SO_2/mg \cdot m^{-3}$	0.03	0.02	0.04	0.04	0.03	0.04	0.02
$TSP/mg \cdot m^{-3}$	0.10	0.09	0.06	0.09	0.11	0.10	0.07
$NO_x/mg \cdot m^{-3}$	0.001	0.001	0.001	0.001	0.001	0.001	0.001
氟化物/$mg \cdot m^{-3}$	5.4	3.6	5.5	4.5	5.2	4.2	4.9

评价结论：从检测结果（表C.2）来看，款冬花GAP种植基地的大气质量符合环境空气质量（GB3095—1996）二级标准。

表C.3　土壤检验结果报告书

采样点	项目/mg·kg⁻¹											
	铅		镉		汞		砷		铬		铜	
	标准要求	检测结果	标准要求	检测结果	标准要求	检测结果	标准要求	检测结果	标准要求	检测结果	标准要求	检测结果
大江村	250	18.95	0.3	0.27	0.3	0.33	40	11.1	150	49.8	50	19.43
徐家镇	250	22.19	0.3	0.265	0.3	0.130	40	13.36	150	83.66	50	22.13
夏布坪	250	18.92	0.3	0.225	0.3	0.085	40	11.48	150	54.21	50	23.20
鱼鳞乡	300	23.83	0.3	0125	0.5	0.496	30	14.59	200	51.38	100	18.78
九狮坪	250	18.6	0.3	0.215	0.3	0.03	40	9.8	150	55.7	50	20.4
宁厂镇	250	20.4	0.3	0.18	0.3	0.06	40	11.1	150	55.5	50	16.2
大河乡	350	18.68	0.6	0.255	1.0	0.236	25	13.11	250	63.58	100	20.7
文峰镇	300	37.6	0.3	0.27	0.5	0.36	30	20.6	200	33.9	200	23.6

评价结论：检测结果显示，款冬花GAP种植基地土壤质量符合GB15618—1995二级标准。

2　关于巫溪款冬花的物种

主要参照《中华人民共和国药典》（2010年版）、《中华本草》《中药大辞典》《中药现代化研究》《中国植物志》（77（1））等对款冬花的形态描述，多年生或一年生草本。株高10~25 cm；根状茎细长，横走，白色。叶基生，具长柄，圆状心形，先端钝或近圆形，边缘具尖角齿，齿间具疏小锯齿；叶面暗绿色，平滑，叶背密生白色茸毛，叶脉紫色，主脉5~9条。头状花序单一顶生；花先叶开放，花茎数枝，花蕾紫色，状如花芽，通常贴近地面生长；舌状花黄色；罕见结果。花期2~3月，果期4~5月。确认巫溪所种植的款冬花系菊科（Asteraceae）款冬属（*Tussilago* L.）植物款冬（*T. farfara* L.）。

3 款冬花合格种苗的说明

款冬花栽培采用无性器官地下根状茎繁殖。根据"款冬花生物学特性研究"应选择生长健壮，种节具芽，无腐烂、变质和病虫害，种苗来源清楚的根茎；若起挖出的款冬花种苗需要贮藏一段时间才移栽，应将种苗埋入沙或沙质土中，移栽时种节不干瘪（即保持一定的含水量）。款冬花种苗纯度大于95%，按种苗分级标准不得低于二级。

4 款冬花栽培地的选择

选择适宜款冬花生长发育的土地，是进行款冬花栽培的基础。

4.1 关于款冬花栽培的土壤类型

"款冬花生长土壤的研究"对款冬花生长土壤的成土条件、土壤理化特性等进行了研究。结果表明，适宜种植款冬花的有黄沙土、灰包土和黄灰包土3个主要类型，适宜款冬花生长的土壤应肥沃、有机质含量高、土层疏松。3种土壤类型中，灰包土是种植款冬花最适宜的土壤，其次为黄灰包土。

表 C.4　款冬花土壤典型剖面特征

土　壤	层次	深度/cm	颜色	结构	质地	松紧度	根系
黄沙土	A	0~22	灰黄色	颗粒状	轻砾质沙壤	松	多
	B	22~45	橙黄色	块状	轻砾质中壤	稍紧	少
灰包土	A	0~23	暗灰色	粒状	重壤	松	多
	B	23~100	灰黄色	块状	重壤	紧	少
黄灰包土	A	0~17	灰色	粒状	轻黏	松	多
	B	18~85	灰黄色	块状	重壤	紧	少

表 C.5　不同土壤类型对款冬花单株性状和小区产量的影响

氮肥施肥水平	款冬花鲜重/g	款冬花粒数	全株鲜重/g	每粒花重/g	款冬花所占生物量比例/%	小区产量/kg	干重产量/kg
灰包土	113.4	54.6	101.0	0.595	14.7	3.68	1.05
黄灰包土	106.0	51.9	99.4	0.589	13.8	3.24	0.91
黄沙土	98.5	47.9	87.7	0.516	12.6	2.65	0.72

4.2 土壤坡度

根据对款冬花的生产情况调查，种植款冬花的土壤坡度以 25°内为宜，栽培地一般选择海拔 1 100 ~ 2 000 m 的山区半阴坡地。地势要求平坦，或略有倾斜。因为坡度大易造成水土肥流失，易引起款冬花露根，前期影响其生长甚至导致植株死亡，后期影响花数和产品品质。在半阴半阳的环境和表土疏松、肥沃、通气性好、湿润的壤土中生长良好。整个生育期 270 ~ 330 d。生产实践表明，坡度对款冬花的生长和产量有较大的影响。实验结果见表 C.6。

表 C.6　坡度对款冬花产量影响的比较

地点	坡度/°	产量/kg·亩⁻¹（鲜）	生物量与花之比
夏布坪	20	211.5	1∶0.132
夏布坪	34	186.1	1∶0.094

4.3 关于款冬花的连作

连作障碍在许多作物中都存在，引起连作障碍的原因是多种多样的。根据对款冬花连作试验研究表明，连作土中的款冬花长势较弱，植株矮小，根系不发达，在生长后期（8 月以后）易罹病害。同样的田间管理，连作款冬花的单株结花数明显降低。款冬花连作障碍的原因初步分析是，款冬花根系分泌物释放入土壤中，对后一茬款冬花的生长发育有毒害作用，影响了款冬花的正常生长发育。连作对产量影响试验结果见表 C.7。

生产实践调查表明，款冬花与玉米、马铃薯等轮作，能很好地克服款冬花的连作障碍。

表 C.7　款冬花连作试验产量比较

种植方式	产量/kg·亩⁻¹（鲜）
连作	113.0
新土种植	198.5
轮作后种植	175.7

5 款冬花移栽期和栽植

5.1 移栽时间

款冬花可移栽期较长，从每年 12 月到翌年 4 月（土壤封冻除外）均可移栽，以冬季和早春移栽最好。巫溪款冬花主产区的移栽可分为"冬栽"和"春栽"，2月上旬以前移栽称为"冬栽"，2月中旬以后称为"春栽"。生产实践表明，款冬花最适宜移栽时间在2月下旬至3月下旬和冬季土壤未封冻前，在3月以后，款冬花地下根状茎已开始萌发，幼嫩芽容易受到损伤，影响其萌发和生长，长势较慢；若土壤封冻后移栽，给移栽操作带来不便，而且易折断种苗根状茎。不同移栽时间与产量的关系试验结果见表C.8。

表 C.8　款冬花不同移栽时间与产量的关系

移栽时间	出土时间	鲜产量/kg·亩$^{-1}$	生物量与花之比
11月中旬	3月中上旬	175.0	26.7
12月上旬	3月中上旬	179.1	27.1
2月中旬	3月中上旬	172.0	26.3
3月中旬	4月上旬	158.3	24.8
4月中旬	4月下旬至5月上旬	147.0	21.2
5月中旬	5月下旬	126.0	19.6

由表 C.8 可以看出，款冬花种植时间在农历"惊蛰"（3月上旬）以前，其产量没有明显的差异，并且也比其他种植时间的产量高；种植时间在3月以后，产量明显下降，在田间观察也能看出明显差距。

正常生长的款冬花根状茎发达，匍匐土内生长，相互交织成网状，须根密布于根状茎上，这种特性与款冬的分布环境是相适应的。

5.2　款冬花移栽

5.2.1　移栽密度和方式

根据款冬花的生物学特性和营养生理特性以及生产实践的总结，款冬花可采用穴栽和条栽两种栽培方式。

穴栽：在整好的畦面上进行穴栽，按行距 25~30 cm、株距 15~20 cm 挖穴，深 8~10 cm，每穴栽种苗 3 节，散开"品"字形排列，栽后随即覆土盖平。

行栽：按行距 25 cm 开沟，深 8~10 cm，每隔 10~15 cm（株距）平放入种根 1 节，随即覆土压紧，与畦面齐平。

若天气干旱，应浇 1 次水。每亩需种苗 30 kg 左右。

5.2.2　移栽试验

选择半阴半阳的山坡，土质疏松肥沃、离水源较近、排水良好、富含腐殖质的沙壤土种植。深翻 25～30 cm，同时精耕细作，做到地平土细，并做 1.2 m 宽的高畦，畦沟宽 40～45 cm。

根状茎的选择：12月上旬采花蕾后，挖出地下根状茎，随挖随栽。栽种选粗壮、色白、无病虫害的根状茎作种栽培。每亩需种根约 35 kg。小区面积 10 m² (长 5 m、宽 2 m)。试验于 2002 年至 2004 年进行。

条播：行距 25～27 cm 开沟，沟深 7～10 cm，每隔 10 cm 平放根状茎一节 (具 2 个芽)，覆土盖平。

窝播：行株距 30 cm×25 cm 起窝，窝深 7～10 cm，每窝 "品" 字形放根状茎 3 节，覆土盖平。

试验处理：1. 穴栽　　A 行距 30 cm，株距 25 cm

B 行距 35 cm，株距 30 cm

C 行距 25 cm，株距 15 cm

D 行距 40 cm，株距 30 cm

2. 行栽　　X 行距 25 cm，株距 10 cm

Y 行距 25 cm，株距 15 cm

Z 行距 25 cm，株距 5 cm

试验结果统计见表 C.9。

表 C.9　款冬花不同栽培方式比较

栽培方式	小区种植株数	小区收获株数	生物产量与经济产量比	经济产量 (鲜) /kg·亩⁻¹
穴栽 A	345	121.3	1∶0.139	210.1
穴栽 B	245	115.4	1∶0.141	206.1
穴栽 C	690	142.2	1∶0.107	218.2
穴栽 D	215	105.7	1∶0.140	196.8
行栽 X	345	127.4	1∶0.138	214.3
行栽 Y	230	121.0	1∶0.143	208.1
行栽 Z	690	145.3	1∶0.110	220.2

款冬平均伸展度为 20.5 cm×26.3 cm，因此款冬栽培要保持适宜的栽培密度，如表 C.9，密度过大（大于 5 000 株·亩$^{-1}$），将导致部分款冬死亡；密度过小，款冬生长虽好，但不利于高产。本试验研究结果认为，款冬的适宜栽培密度为 4 500～5 000 株·亩$^{-1}$。

6 施 肥

通过对"施肥对款冬花产量和生物量分配的影响"的研究表明，款冬属喜肥植物，在其生长发育过程中，需要从土壤中不断吸收氮、磷、钾以及其他微量元素。肥料充足，款冬生长旺盛，枝叶繁茂，叶色深绿，有利提苗；但是，款冬前期生长过于旺盛，容易造成款冬徒长和受到病虫害侵袭。

6.1 施肥量的确定

按下列公式计算施肥量：

$$施肥量 =（单位面积产量×单位面积款冬吸收量 -$$
$$土壤供应量×土壤养分利用率）÷肥料利用率$$

款冬生育期内需要氮、磷、钾等 5 种元素的量见表 C.10。

表 C.10　款冬生育期内所需元素的量

所需元素	N	P	K	Ca	Mg
需要量/mg·株$^{-1}$	5.78	0.733	2.234	2.791	0.862

从表 C.10 中看出，款冬生育期吸收 N、P、K 的比例近于 8：1：3，吸收 K、Ca、Mg 的比例近于 3：3.5：1。

6.2 施底肥

款冬根状茎较嫩，施入肥料时需考虑肥料对种苗的影响。施有机肥必须腐熟，以杀死杂草种子，避免有机肥在土中发酵，造成款冬烂根和病害。款冬花移栽时施有机肥一般每亩施 1 500 kg。如果在冬季移栽，每亩可加施过磷酸钙 20～30 kg；如果在春季移栽，每亩可加施尿素 5 kg、过磷酸钙 20 kg、硫酸钾 5～8 kg。根据生产调查，施底肥可增产 15%左右。试验研究结果见表 C.11。本试验每处理设 3 次重复，小区面积 10 m^2，随机排列。

表 C.11　款冬施底肥和不施底肥试验比较

试 验 处 理	产量/（kg/10 m²）（鲜）
施底肥	2.78
不施底肥	2.12

如表 C.11 所示，本试验施底肥可增产 31.1%，因此建议生产上款冬栽培时施用底肥。

6.3　施追肥

款冬追肥可仍以农家肥为主，配合施加适量化学肥料。在移栽后 2~3 个月内，款冬生长缓慢，吸收能力较弱，可薄施腐熟的人畜粪和尿素、碳酸氢铵，根据需要可适当增加施肥次数。随后进入生长旺盛期，款冬很快封行，生长根茎部开始出现老黄叶、病叶，此时应控制氮肥的施用，注意多施磷、钾肥。根据生产经验和试验结果（见表 C.12），现将施肥次数、时间及数量分述如下：

表 C.12　施肥次数对款冬花单株性状和小区产量

施肥次数	款冬花鲜重/g	款冬花粒数	全株鲜重/g	每粒花重/g	款冬花所占生物量比例/%	小区产量/kg
2	7.5	27.8	61.0	0.425	8.46	1.55
3	12.4	33.3	72.1	0.525	11.32	2.50
4	16.2	35.4	85.7	0.545	16.34	3.15
5	12.1	48.5	101.7	0.501	13.13	3.30

说明：

（1）本试验移栽时间为春季，施肥次数为追肥次数+1 次底肥。

（2）各次施肥时间：2 次：底肥、8 月；3 次：底肥、7 月和 9 月；4 次：底肥、6 月、8 月和 10 月；5 次：底肥、6 月、8 月、9 月和 10 月。

（3）各处理施肥量相同，即每小区（10 m²）施有机肥 15 kg、尿素 0.2 kg、过磷酸钙 0.6 kg、硫酸钾 0.2 kg。

6.3.1　追肥时间和次数

款冬花 4 月上旬出苗展叶后，到 7 月生长前期可追第一遍肥（可根据生长情况酌情多施 1~2 次），然后在 8 月下旬或 9 月上旬追施第二遍肥，10 月追施第三遍肥。

6.3.2　追肥方法

生长前期，采用以水代肥法，将肥按需要浓度溶于水中，直接把肥液灌到地面的款冬花行中间每窝中，每窝扎灌深度 10~15 cm，每窝灌肥液约 1 kg。生长后期（9 月以后），于株旁开沟或挖穴施入，施后用畦沟土盖肥，并进行培土，以保持肥效，并避免花蕾长出地面，生长细弱，影响款冬花质量。

6.3.3　追肥量

4 月上旬出苗展叶后，生长前期（7 月前）应清薄施追肥，以免生长过旺，易罹病害，可每亩施清粪水 1 000 kg 和尿素 10 kg。生长后期要加强肥水管理，9 月上旬，每亩追施火土灰或堆肥 1 000 kg 和尿素 5 kg、过磷酸钙 15 kg、钾肥 5~8 kg；10 月，每亩再追施堆肥 1 200 kg 与过磷酸钙 15 kg、钾肥 5~8 kg。

6.4　施肥量的确定

在传统种植中，药农称款冬花为"懒庄稼"，即种植款冬花不需要施肥，为此，课题组专门设计了施肥试验，研究施肥量对款冬花产量、品质和单株性状的影响。

6.4.1　有机肥对款冬花产量和生物量分配的影响

表 C.13　有机肥不同施肥水平对款冬花单株性状和小区产量的影响

序号	有机肥施肥水平 /（kg/10 m²）	款冬花鲜重/g	款冬花粒数	全株鲜重/g	每粒花重/g	款冬花所占生物量比例/%	小区产量/kg	折算产量/kg
1	0	21.9	38.5	86.8	0.531	21.79	1.02	2.13
2	20	27.8	52.6	89.1	0.565	23.91	1.45	2.78
3	40	31.0	49.9	137.8	0.625	19.91	1.52	2.49
4	60	24.0	40.2	122.5	0.595	17.02	1.10	2.07

从表 C.13 中可以看出，款冬花各性状在不同施肥水平间存在差异，方差分析表明，各处理性状差异达到显著水平（$P<0.05$），在施肥处理 3（40 kg/10 m²）水平以内，款冬花单株鲜重、全株鲜重、每粒花重等性状随着有机肥施用量的增加而增加，款冬花经济产量分配比例随着有机肥施用量的

增加呈下降趋势。回归和相关分析表明，款冬花粒数、全株鲜重、每粒花重和款冬花所占生物量比例共同对款冬花单株鲜重的决定作用达 0.988，差异达极显著水平。小区平均产量以处理 3 最高。随着有机肥施用量的增加，款冬花生物量呈增加趋势，但生物量分配与肥料用量不成比例。因此，如何控制肥料对款冬花生物量的分配有利值得深入研究。

6.4.2　氮肥对款冬花产量和生物量分配的影响

表 C.14　氮肥不同施肥水平对款冬花单株性状和小区产量的影响

序号	氮肥施肥水平/（kg/10 m²）	款冬花鲜重/g	款冬花粒数	全株鲜重/g	每粒花重/g	款冬花所占生物量比例/%	小区产量/kg	折算产量/kg
1	0.1	19.0	38.5	91.1	0.506	6.70	1.03	2.76
2	0.2	17.7	37.1	80.6	0.480	6.78	1.18	2.29
3	0.3	10.7	22.4	77.4	0.478	4.68	0.97	2.20
4	0.4	6.6	15.9	52.7	0.407	5.31	0.55	1.47

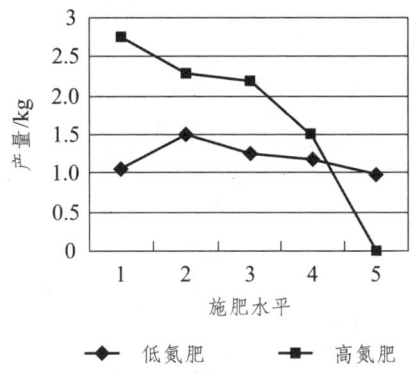

图 C.1　不同氮肥水平试验款冬花产量

综合 2 年的试验结果表明，施尿素在每亩 6.5 kg 以内时，随着施肥量的增加，产量及其他性状有增加趋势；若施尿素量大于 8 kg，则随着施用氮肥量的增加，大多数性状指标呈递减趋势，如图 C.1 所示。此项试验说明，生产上款冬花氮肥施用量不能大于 3.7 kg·亩⁻¹（以纯氮量为准），并且应做到勤施薄施，才有利于款冬花生长。

6.4.3 磷肥对款冬花产量和生物量分配的影响

表 C.15 磷肥不同施肥水平对款冬花单株性状和小区产量的影响

序号	磷肥施肥水平 / (kg/10 m²)	款冬花鲜重/g	款冬花粒数	全株鲜重/g	每粒花重/g	款冬花所占生物量比例/%	小区产量/kg	折算产量/kg
1	0.0	27.3	49.3	98.9	0.545	9.42	1.10	2.85
2	0.4	25.5	46.5	99.0	0.552	4.65	1.28	3.25
3	0.8	34.6	57.6	107.6	0.598	9.35	1.55	3.04
4	1.2	30.5	58.3	112.9	0.518	7.33	1.45	2.50
5	1.6	30.5	53.3	100.3	0.565	5.85	1.45	1.09

磷肥主要促进植物的根茎和生殖生长。从表 C.15 中数据可以看出，款冬花单株鲜重、粒数、每粒花重及小区产量等能反映款冬花产量的直接性状均有较高值，在施肥 0.8 kg/10 m² 时，随着施肥量的增加，这些性状呈增加趋势；施肥量大于 0.8 kg/10 m² 时，产量开始降低。多重比较分析表明，施肥水平 1、4、5 的差异不显著，与施肥水平 2、3 的差异显著。本试验结果认为，磷肥的适宜施用量在 55 ~ 75 kg·亩$^{-1}$。

6.4.4 钾肥对款冬花产量和生物量分配的影响

表 C.16 钾肥不同施肥水平对款冬花单株性状和小区产量的影响

序号	钾肥施肥水平 / (kg/10 m²)	款冬花鲜重/g	款冬花粒数	全株鲜重/g	每粒花重/g	款冬花所占生物量比例/%	小区产量/kg	折算产量/kg
1	0.0	24.9	45.0	68.4	0.562	27.7	0.95	1.71
2	0.15	27.5	50.0	86.8	0.561	25.5	1.05	2.17
3	0.30	23.6	47.9	97.9	0.511	21.6	1.43	3.03
4	0.45	30.1	51.9	87.4	0.589	27.2	1.65	3.05

钾肥主要促进植物的根茎和生殖生长，增强植株的抗逆能力。从表 C.16 可以看出，钾肥试验中以施肥水平 3 处理的产量最高，与其他处理的差异达显著水平，其他性状呈不规律变化，其原因尚需进一步研究。

不同种类的肥料和施肥水平对产量的影响见图 C.2。

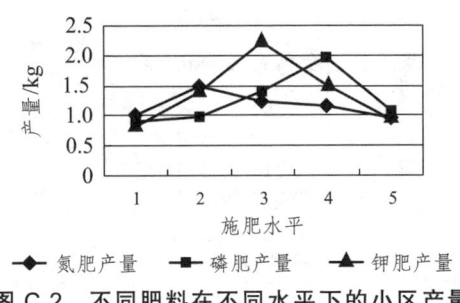

图 C.2　不同肥料在不同水平下的小区产量

6.5　草木灰对款冬花产量的影响

表 C.17　施用草木灰对款冬花单株性状和小区产量的影响

项目	款冬花鲜重/g	款冬花粒数	全株鲜重/g	每粒花重/g	款冬花所占生物量比例/%	小区产量/kg	折算产量/kg
对照	18.4	32.8	110.4	0.547	6.9	0.70	1.69
草木灰	18.3	33.9	76.8	0.546	20.3	1.05	1.75

　　在生产上，药农在款冬花生长后期，用撒草木灰代替施肥。为验证这一农艺措施的效果，我们对此进行了试验。表 C.17 试验结果表明，草木灰对主要经济性状和产量无明显影响。生产调查显示，撒草木灰代替施肥在 20 世纪 50～60 年代肥料缺乏时和对比较贫瘠的土壤中栽培的款冬花有一定效果。因此，生产上款冬花后期管理施肥注重有机肥和化学肥料配合施用，才有利于款冬花高产。

6.6　根外追肥

　　植物开花受内源激素的种类和比例影响，外源激素（生长调节剂）可以调控植物的花芽分化的时间和数量。为此，我们进行了植物生长调节剂对款冬花产量和单株性状影响的研究，结果见表 C.18。

表 C.18　不同激素水平对款冬花单株性状和小区产量的影响

激素种类	款冬花鲜重/g	款冬花粒数	全株鲜重/g	每粒花重/g	款冬花所占生物量比例/%	小区产量/kg	折算产量/kg
Ha	16.7	34.2	127.6	0.485	13.23	0.66	1.66
Hb	22.9	37.2	99.7	0.613	19.95	1.03	2.28
Hc	17.1	34.4	108.5	0.511	16.42	0.55	1.32
Hc 1 次	25.4	48.8	136.0	0.526	15.76	0.31	1.76
Hd	13.5	38.8	97.2	0.416	14.58	0.53	0.76
He	15.1	31.1	91.1	0.476	15.90	0.70	1.07
Hf	18.4	34.7	84.3	0.536	20.15	0.59	1.42
Hg	19.6	36.1	93.2	0.538	18.85	0.89	1.08
Hg 1 次	22.6	40.4	117.3	0.557	17.85	0.85	1.94
Hi	10.0	21.9	88.2	0.474	14.19	0.28	0.63

7　植株调整和中耕除草

7.1　植株调整

款冬在生长旺盛期，植株伸展幅度较大，植株间叶片相互重叠，因此，疏叶是款冬花田间管理的一项重要内容。

6~8 月为款冬花盛叶期，叶片过于茂密，会造成通风、透光不良，影响花芽分化，使其易罹病虫害。因此，要翻除重叠、枯黄和感染病害的叶片，每株只留 3~4 片心叶即可，以提高植株的抗病力，多分化花芽，提高产量。

表 C.19　款冬疏叶和不疏叶试验比较

试验处理	产量/（kg/10 m²）（鲜）
疏叶	2.96
不疏叶	2.02

从表 C.19 可以看出，疏叶后款冬花产量明显高于不疏叶。

7.2　中耕除草

款冬一般种植在海拔 1 100 m 以上的地方，容易滋生杂草。在 4 月上旬款冬出苗展叶后，结合补苗，进行第 1 次中耕除草，此时苗根生长缓慢，应浅松土，避免伤根；在 6 ~ 7 月进行第 2 次，此时苗叶已出齐，根系生长发育良好，中耕可适当加深；于 9 月上旬进行第 3 次，此时地上茎叶已逐渐停止生长，花芽开始分化，田间应保持无杂草，可避免养分无谓消耗。中耕除草的时间和次数应根据款冬生长情况和杂草危害程度具体确定。

8　培　土

款冬的花生长在茎干上，花芽分化由下逐渐向上，加之款冬茎干离地生长，款冬茎干上半部的花芽就会露出地表，露出地表的款冬花苞片会变青变绿，严重影响款冬花的质量。

培土是在款冬生长后期，即在 9 月和 10 月间，结合款冬花施肥和中耕除草进行，将茎干周围的土培于款冬窝心。培土时要注意撒均匀，每次培土以能覆盖茎干为宜，用于培土的土壤要求透气性良好。

9　款冬花的病虫害及其防治

款冬花的病虫害防治应坚持"预防为主，综合防治"的方针。优先采用农业措施和生物防治方法，能不用药尽量不用药，能用生物农药尽量不用化学农药。在必须用化学农药时，严格执行《中华人民共和国农药管理条例》和《中华人民共和国农业部第 199 号公告》以及《中华人民共和国绿色食品的农药使用原则》的规定，选择性使用高效、低毒、低残留的农药品种，从严掌握用药剂量和用药安全期，做到既控制病虫害的危害，又不降低款冬花的品质，避免农药残留及其他污染对款冬花品质的影响。款冬花的病虫害防治根据款冬生产调查结果而制订。

9.1　病　害

9.1.1　褐斑病（Rhizoctonia Solani Kuhn）

症状：叶片病斑大小不等，一般病斑圆形或椭圆形，直径 1 ~ 10 mm，灰褐色，病斑中央略凹陷，褐色，变薄，边缘有紫红色的病斑，有光泽，病斑与健康组织的交界明显，较大病斑表面可出现轮纹，高温高湿时可产生黄色至黑褐色霉层，严重时叶片枯死。

病害发生发展：病害由一种长蠕孢菌侵染所致，病菌主要来源于土壤中的病残体。越冬病菌在气候条件适宜时即可产生繁殖体，借气流传播到植株表面，从气孔侵入，也可通过皮孔或伤口侵入。在 25～28 ℃、高湿度条件下，病菌从侵入到发病仅需 2～3 d。一般在高温高湿地区和梅雨季节发病普遍而严重。此外，土壤含水量大、种植过密、通风透光差、肥料不足、植株生长衰弱时，都易诱发此病。不同品种之间由于抗病性差异，也表现出发病程度不同。

防治时间：7～8 月。

防治方法：

农业防治：

（1）采收后清洁田园，集中烧毁残株病叶；

（2）雨季及时疏沟排水，降低田间湿度；

（3）与其他作物实行轮作；

（4）及时疏叶，摘除病叶，增强田间的通风、透光性，提高植株的抗病能力。

化学防治：发病初期喷 1∶1∶100 波尔多液，或 65%代森锌 500 倍液，或 75%百菌清可湿性粉剂 500～600 倍液，或 50%多硫悬浮剂 500 倍液，或 36%甲基硫菌灵悬浮剂 500 倍液，或 50%混杀硫悬浮剂 500 倍液，或 77%可杀得可湿性粉剂 400～500 倍液，每 7～10 d 喷 1 次，连喷 2～3 次。

生产上尽量采用农业防治，必要时采用化学农药防治，但必须控制施药时间和施药量。从表 C.20 可见，农业防治与化学防治效果差异不显著。

表 C.20　不同措施对款冬花褐斑病的防治效果

项目 措施		I			II			III			平均 发病率 /%
		总株数	病株数	病株率 /%	总株数	病株数	病株率 /%	总株数	病株数	病株率 /%	
农业 防治	1	200	32.3	16.2	200	37.8	18.9	200	33.1	16.6	17.2
	2	200	27.4	13.7	200	31.4	15.7	200	29.9	15.0	14.8
化学 防治	1	200	21.5	10.8	200	28.3	14.2	200	29.4	14.7	13.2
	2	200	23.9	12.0	200	29.1	14.6	200	26.5	13.3	13.3
	3	200	20.7	10.4	200	23.5	11.8	200	22.6	11.3	11.1
	4	200	18.7	9.4	200	22.4	11.2	200	21.8	10.9	10.5
	5	200	19.8	10.0	200	22.1	11.1	200	23.4	11.7	10.9
	6	200	20.2	10.1	200	23.1	11.6	200	21.7	10.9	10.8

9.1.2　菌核病（Sclerotinia Sclerotiorum）

症状：该病多从植株基部或中下部较衰弱或积水的老黄叶片、花器开始侵染，病部初期多呈水浸状暗绿至污绿色不规则坏死，发病初期不出现症状，后期有白色菌丝渐向主茎蔓延，叶面出现褐色斑点，根部逐渐变褐，潮润，发黄，并散发出一股酸臭味，最后根部变黑色、腐烂，植株枯萎死亡。

病害发生发展：病菌以菌核或随病残体在土壤越冬。3～4月份气温回升到 5～30 ℃，土壤湿润，菌核开始萌发，产生子囊盘和子囊孢子。菌核萌发适宜温度 5～15 ℃，高于 50 ℃ 时 5 min 即死亡。土壤中有效菌核数量对病害发生程度影响很大。空气湿度达 85% 以上病害发生严重，65% 以下则病害轻或不发病。菌核病寄主范围很广，可危害 100 多种作物。

防治时间：6～8月。

防治方法：

农业防治：（1）采收后清洁田园，集中烧毁残株病叶；

（2）雨季及时疏沟排水，降低田间湿度；

（3）及时疏叶，摘除病叶，增强田间的通风透光性，提高植株的抗病能力（以上同褐斑病）；

（4）中耕培土：在子囊盘盛发期中耕 1～3 次，可以切断大部分子囊盘，培土压埋子囊盘的作用更好。培土层越厚，灭菌效果越好，但要注意不影响款冬花的生长。

化学防治：发病初期进行药剂防治，可选用 40% 施佳乐悬浮剂 800 倍液，或 40% 菌核利可湿性粉剂 400 倍液，或 50% 农利灵可湿性粉剂 1 000 倍液喷雾，7～10 d 防治 1 次。

9.1.3　枯叶病（Alternaria Dauci）

症状：雨季发病严重，发病初期病叶由叶缘向内延伸，形成黑褐色、不规则的病斑，病斑与健康组织的交界明显，病斑边缘呈波纹状，颜色深，使叶片发脆干枯，最后萎蔫而死。

病害发生发展：枯叶病菌在病叶上越冬，翌年在温度适宜时，病菌的孢子借风、雨传播到寄主植物上，发生侵染。

防治时间：6～8月。

防治方法：

农业防治：发现后及时剪除病叶，集中烧毁深埋。

化学防治：发病初期或发病前，喷施 1：1：120 波尔多液，或 50% 退菌特 1 000 倍液，或 65% 代森锌 500 倍液，或 40% 多菌灵胶悬剂 500 倍液，或 90% 疫霜灵 1 000 倍液，每 7～10 d 喷 1 次，连喷 2～3 次。

9.2 虫 害

9.2.1 蚜虫（Aphis）

症状：以成虫、若蚜群聚在寄主植物的叶片、花蕾，刺吸式口器刺入受害苗株吸取汗液，造成叶片发黄、皱缩，卷曲成团、停滞生长，叶缘向背硬面卷曲萎缩，严重时全株枯死。

防治时间：5~9月。

防治方法：

农业防治：收获后清除杂草和残株病叶，消灭越冬虫口。

化学防治：发生时，喷施40%乐果3000倍液，或50%灭蚜松乳剂1 500倍液，间隔7~10 d，连喷2次。收获前40 d停止用药。

9.2.2 蛴螬（Grub）

症状：取食作物的叶片、花，幼虫取食款冬幼苗，咬断幼苗根茎，使植株全株死亡，严重时造成缺苗断垄。

防治时间：6~8月。

防治方法：

农业防治：（1）深耕细耙。秋作物收割后或冬前深耕。可将部分成虫、幼虫翻至地表，使其风干、冻死或被天敌捕食、机械杀伤等，在耕翻时随机拾虫也能起到很好的防治效果。

（2）合理施肥。施用充分腐熟的有机肥，防止招引成虫飞入田间产卵。

（3）浇承整田。土壤含水处于饱和状态时，可影响蛴螬卵孵化和低龄幼虫成活；及时清除田间及地边杂草，消灭虫类的栖息场所，可有效控制成虫数量。

（4）人工捕杀。发现作物被害可挖出根际附近的幼虫；利用成虫的假死性，可在其停落的作物上捕捉或震落捕杀；在6月下旬蛴螬发生盛期，每天黄昏后直接人工捕虫，也能收到非常好的效果。

化学防治：（1）药剂灌根。在蛴螬发生较严重的田块，用80%敌百虫可湿性粉剂800倍液，或25%西维因可湿性粉剂800倍液灌根，每株灌150~250 mL，可杀死根际附近的幼虫。

（2）喷药防治。幼虫出土期用40%氧化乐果700~800倍液喷施在款冬花田中杂草上，隔7~10 d喷1次，连续2~3次，效果良好；或用48%乐斯本乳油300~400 mL，兑水800~1 000倍，喷湿地表或浇地时随水施入，防治效果更好。

10　收获及加工

10.1　收获季节

立冬后土未封冻前是款冬花的收获时节。因为此时地上部分已经枯萎死亡，花芽已分化完毕且停止生长，花蕾的含水量较少，产量较高。过早采收，因花蕾还未完成生长，其苞片未呈紫色（为白色），影响产量和品质；过迟采收，土已封冻，不便采。据我们观察，到第 2 年土壤解冻后采挖（2 月中下旬），已有部分（每株有 1 ~ 2 个花蕾）开放。收获时间研究试验结果见表 C.21。可见，应控制好采挖时间。

表 C.21　不同收获时间对款冬花单株性状、小区产量及芦丁含量的影响

收获时间	款冬花鲜重/g	款冬花粒数	全株鲜重/g	每粒花重/g	款冬花所占生物量比例/%	小区产量/kg	芦丁含量/kg
11 月	32.4	53.5	108.5	0.548	25.2	2.48	0.31
12 月	34.2	56.8	110.3	0.587	27.6	2.75	0.44
2 月	35.1	53.9	107.8	0.561	26.8	2.82	0.27
3 月	26.9	41.2	90.7	0.547	22.8	2.54	0.18

从表 C.21 可以看出，从款冬花地上部分倒苗开始，到 3 月款冬花开放这段时间内，产量变化不明显，以 12 月和 2 月相对较高；芦丁（款冬花的主要有效成分）含量则呈抛物线变化，以 12 月最高。由于 1 月气温低，不利于款冬花采收，因此未做此次采收实验。

10.2　收获方法

收获工具主要有锄头、撮箕、背篓等。款冬花采收要做到精挖细收，土里尽量不留款冬花花蕾。用锄头将植株连根挖出后，从茎干上摘下花蕾，放入竹筐内，不能重压，不要水洗，否则花蕾干后变黑，容易腐烂，影响药材品质。因款冬花不能水洗，采挖时应选择晴天，因为在晴天泥沙易抖落。

10.3　加　工

加工设备：干燥炕或烘箱、笆篓、晒席等。

花蕾采后立即薄摊于通风干燥处晾干。经 3 ~ 4 d，水汽干后用筛子筛去泥土，除净花梗、杂物等非药用部分，再晾至全干即可。遇阴雨天气，用木炭或无烟煤以文火烘干，温度控制在 40 ~ 50 ℃。烘干时，花蕾不宜摊放太厚，5 ~ 7 cm 即可，时间也不宜太长，而且要少翻动，以免破损外层苞片，影响药材商品品质。

11 巫溪款冬花 GAP 质量标准起草说明

重庆市巫溪县生产的款冬花药材标本与原植物标本，由巫溪县远帆药业公司和重庆市中药研究院生药栽培室在款冬花主产地巫溪县尖山镇采集获得，经重庆市中药研究院李隆云研究员鉴定，确定为菊科（Asteraceae）款冬属（*Tussilago* L.）植物款冬（*T. farfara* L.）。

为有效地评价款冬花的质量，我们对巫溪县境内不同产地的款冬花进行了鉴别（水分，灰分，酸不溶灰分，浸出物，农药残留量，重金属，微生物限度等指标的检查），以及主要有效成分芦丁的含量测定。目的是通过以上实验为制订款冬花的药材质量标准提供依据和参考。

11.1 命名依据

按照《中华人民共和国药典》（2010 年版）一部款冬花项下和药材拉丁名命名原则制订。

11.2 原植物形态

根据对所采集的巫溪款冬原植物标本特征的观察，参照《中国植物志》（77（1））、《中华本草》《中药大辞典》《中药现代化研究》等对款冬属植物分类鉴定描述形态确定。

11.3 性 状

根据对所采集的巫溪款冬花药材特征的观察及参照《中华人民共和国药典》（2010 年版）一部款冬花的主要性状确定。

本品呈不规则棍棒状。单生或 2 ~ 3 个花序基部连生，俗称"连三朵"，长 1 ~ 2.5 cm，直径 0.5 ~ 1 cm；外面被有多数鳞片状苞片，苞片外表面呈紫红色或淡红色，内表面密被白色茸毛；下部苞片呈钝三角形，上部呈卵圆形，基部具白色茸毛一束，中部呈宽卵圆形，背面满布白色毛茸。舌状花及管状花细小，长约 2 mm，子房下位，均有冠毛。气清香，味微苦带黏性，久嚼似棉絮。以干燥、蕾大、肥壮、色紫红、三个花序连在一起、花梗短者为佳。

11.4 鉴 别

　　采集巫溪款冬花，采用常规显微组织、粉末鉴别方法，参照《中华人民共和国药典》（2010 年版）一部款冬花项下的鉴别方法，款冬花的鉴别特征如下。

11.4.1　花序轴横切面

　　表皮细胞近方形，角质层较厚而不平整。皮层由 17 ~ 19 列类圆形细胞组成，细胞向内渐次增大，细胞间隙明显，其中分散有含菊糖及棕色物质的薄壁细胞。内皮层明显。维管束环列，其外方有一较大的分泌道，此分泌道与韧皮部之间及木质部中常有一小束或成片的厚壁细胞。髓部全为薄壁细胞，其中少数细胞内也含棕色物质。

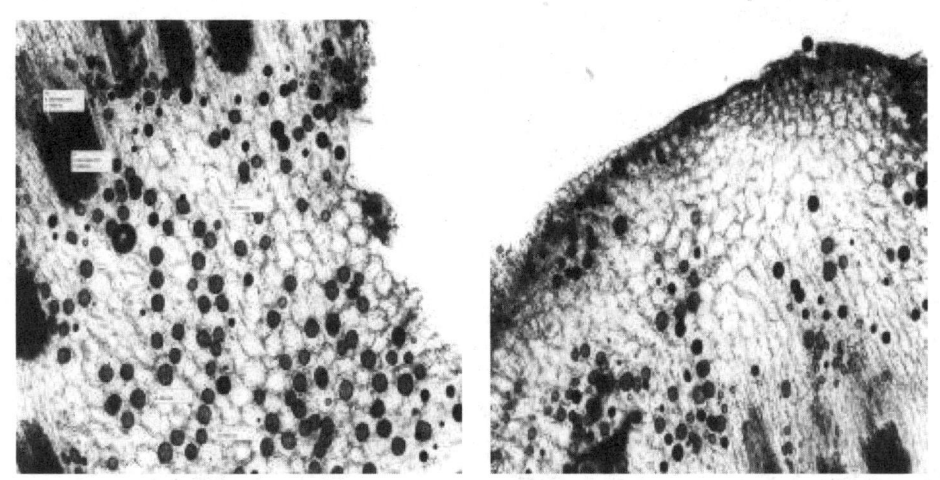

图 C.3　款冬花花序轴横切面（×15）

11.4.2　苞片横切面

　　角质层较厚，不甚平整。上表皮细胞类圆形，其中偶有含棕色物质者；其下方为 1 列排列整齐的圆形薄壁细胞。由此至下，表皮全为薄壁细胞，10

余列，类圆形，渐次增大，内含物稀少。维管束的韧皮部及木质部均明显；维管束的上方有大型的分泌道。下表皮层细胞形状同上表皮层细胞，但略呈切向延长。

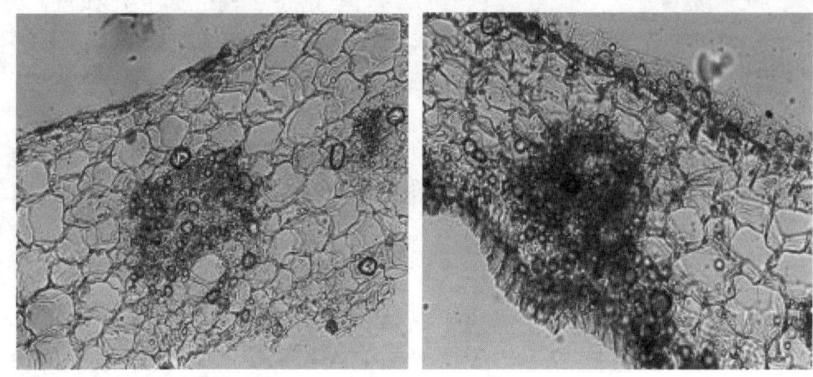

图 C.4　款冬花苞片横切面（×150）

11.4.3　粉　末

棕色，绵绒状。花粉粒呈类圆形，直径 28~40 μm，外壁具刺和三萌发孔沟。苞片或花序轴上的毛茸呈鞭状，长达 510 μm，由 2~3 个细胞组成，扭曲盘绕成团。苞片表皮细胞呈类长方形或类多角形，垂周壁薄或略呈连珠状增厚，平周壁有断续条状纹理。气孔不定式圆形或长圆形，副卫细胞 4~7 个。管状花冠顶缘，细胞形大，呈类圆形，其下方纵向延长。舌状花柱头表皮细胞略呈梨状突起。花序轴厚壁细胞呈长方形，长约 95 μm，直径 17~28 μm，壁厚 4~6 μm，微木化，具壁孔。

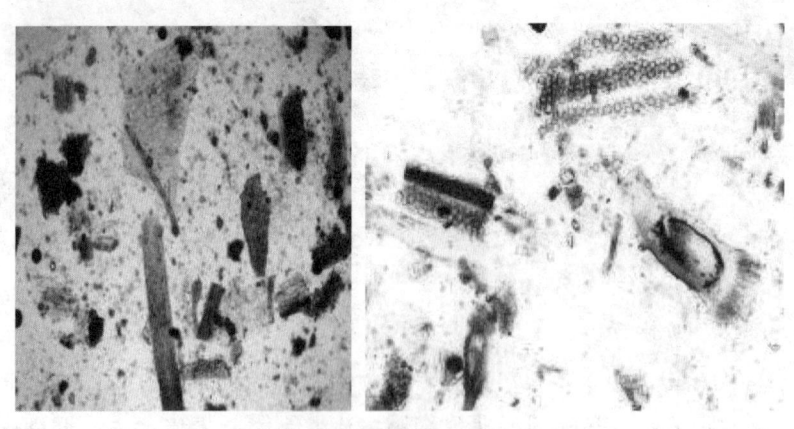

图 C.5　款冬花粉末（×240）

11.5　理化鉴别

（1）参照《中华人民共和国药典》（2010 年版）一部款冬花项下制订，3 批药材均显阳性。

（2）参照《中华人民共和国药典》（2010 年版）一部款冬花项下制订，3 批药材供试品色谱中，在与对照品药材色谱相应的位置上，显相同的黄色荧光斑点。

11.6　检　查

水分、灰分、酸不溶灰分、水溶性浸出物、醇溶性浸出物、重金属、砷盐、农药残留、微生物检查方法均参照《中华人民共和国药典》（2010 年版）一部附录中相应条款，及有关实验结果制订。

11.6.1　水分检查

参照《中国药典》（2010 年版）一部附录Ⅸ H 水分测定法（烘干法）进行测定，水分不得超过 10%。

11.6.2　灰分、酸不溶灰分

参照《中国药典》（2010 年版）一部附录Ⅸ K 灰分测定法进行测定，灰分不得超过 20%，酸不溶性灰分不得超过 15%。

巫溪县不同产地款冬花中水分、灰分、酸不溶灰分，醇浸出物含量测定见表 C.22。

表 C.22　不同产地款冬花中水分、灰分、酸不溶灰分，浸出物含量测定

序号	样品产地	水分/%	灰分/%	酸不溶灰分/%	浸出物/%
1	俞村乡王宗村	5.81	9.44	3.82	17.74
2	尖山镇大江村	4.78	9.35	4.01	16.32
3	尖山药农栽培	5.73	6.92	1.68	21.19
4	尖山镇九狮坪	5.98	9.11	4.23	17.71
5	兰英乡金河村	7.46	21.96	12.71	14.48
6	徐家镇岔路村	5.33	14.18	8.38	14.09
7	白鹿镇九营村	5.71	7.54	3.64	17.00
8	下保镇平岗村	5.72	7.17	2.85	16.85
9	双阳乡马塘村	5.64	13.35	7.98	15.94

11.6.3 浸出物检查

参照《中国药典》（2010 年版）附录 Ⅹ A 浸出物测定法进行测定，醇浸出物不得低于 11%。

11.6.4 农药残留

依据 GB/T5009.19—2003 检测。

六六六（mg·kg^{-1}），DDT（mg·kg^{-1}），样品中均不得检出。

11.6.5 重金属（As，Pb，Hg，Cd，Cu）检查

11.6.5.1 仪器、药品

仪器：AFS-2210 原子荧光光度计（北京海光仪器公司），Z-800 原子吸收分光光度计（日立公司），As、Pb、Hg、Cd 灯，微波消解罐（四川分析测试研究所），家用微波炉。

药品：水为去离子水，酸为优级酸，其他试剂为分析纯。硫脲-抗坏血酸混合溶液的配制浓度各为质量分数 5%的混合溶液，盐酸（1∶1），铁氰化钾溶液（20 g·L^{-1}），草酸溶液（10 g·L^{-1}）。

11.6.5.2 款冬花药材样品处理

精密称取巫溪县不同产地款冬花粉末 0.20 g，于微波消解罐中加硝酸和过氧化氢（1∶2），微波炉中消解，冷却，转移至 10.0 mL 试管中，用去离子水定容，备用。精密吸取 2.0 mL 上述溶液于 10.0 mL 试管中，加入硫脲-抗坏血酸混合溶液 1.0 mL、盐酸 0.75 mL，用去离子水定容，混匀，用于测定 As 元素；精密吸取 3.0 mL 于 10.0 mL 试管中，加入盐酸 0.75 mL，用去离子水定容，混匀，用于测定 Hg 元素；剩余的备用液转移至聚四氟乙烯坩埚中，在电热板上加热至近干，稍冷，加入 0.30 mL 盐酸和少许水，溶解，转移至 10.0 mL 试管中，冷却后加入 0.20 mL 草酸溶液，用去离子水定容，混匀，用于测定 Pb、Cd、Cr 元素。实验结果见表 C.23。

表 C.23 不同产地款冬花中重金属、As 测定结果（n=3）

样品号	含量/μg·g^{-1}						
	Cd	Hg	As	Cu	Pb	六六六	DDT
尖山镇九狮坪	0.13	0	1.154	16.8	1.6	0	0
文峰镇思源村	0.21	0.064	1.548	13.5	1.3	0	0
双阳乡马塘村	0.17	0.095	0.537	15.2	3.7	0	0

续表 C.23

样品号	含量/μg·g^{-1}						
	Cd	Hg	As	Cu	Pb	六六六	DDT
宁厂镇薅坪村	0.09	0.116	1.549	9.8	4.0	0	0
大河乡上游村	0.17	0.142	1.16	13.4	2.7	0	0
徐家镇岔路村	0.16	0	0.97	15.2	3.3	0	0
易溪乡龙店村	0.20	0	1.16	13.2	2.1	0	0
鱼鳞乡五宋村	0.09	0.115	1.075	14.8	1.3	0	0
下堡镇平岗村	0.22	0.173	1.875	15.2	2.6	0	0
中良乡石坪村	0.17	0.105	0.78	11.3	1.1	0	0
GB15618—95 国家二级标准	0.3	0.2	2	20	5	0	0

11.6.6　微生物限度检查

表 C.24　不同产地款冬花中微生物限度测定

样品编号	产地	检验项目	标准规定	检验结果
1	鱼鳞乡五宋村	细菌总数	30 000	28 500
		霉菌总数	100	85
2	尖山镇大江村	细菌总数	30 000	29 500
		霉菌总数	100	95
3	文峰镇思源村	细菌总数	30 000	29 000
		霉菌总数	100	90
4	尖山九狮坪	细菌总数	30 000	29 800
		霉菌总数	100	95
5	大河乡上游村	细菌总数	30 000	28 000
		霉菌总数	100	90
6	徐家镇岔路村	细菌总数	30 000	27 500
		霉菌总数	100	70
7	易溪乡龙花村	细菌总数	30 000	27 800
		霉菌总数	100	85
8	下堡镇平岗村	细菌总数	30 000	26 500
		霉菌总数	100	90
9	双阳乡马塘村	细菌总数	30 000	29 600
		霉菌总数	100	95

11.7　含量测定（HPLC法）

款冬花为常用药材，主要含有黄酮类、倍半萜类、生物碱和挥发油等化合物，我们对不同产地、不同农艺措施和不同土壤类型栽培的款冬花中主要有效成分芦丁的含量进行了测定，通过该实验为制订款冬花药材质量标准提供依据。

11.7.1　仪　器

Shimadzu　LC-2010A（岛津）；工作站：Shimadzu Class-vp。

11.7.2　色谱条件

迪马 C_{18} 柱，250 mm × 4.6 mm × 0.5 μm；流动相：甲醇-水（0.025 mL·L^{-1}）、磷酸（40∶60）；流速：1 mL·min^{-1}；波长：360 nm；柱温：室温。芦丁理论塔板数不得低于5 000。

11.7.3　样品溶液的制备

分别称取以下各样品 50 g，粉碎，过筛 20 目，备用。

不同密度试验：春播 A1，A2，A3；春播 B1，B2，B3；春播 C1，C2，C3；春播 D1，D2，D3。冬播 A1，A2，A3；冬播 B1，B2，B3；冬播 C1，C2，C3；冬播 X1，X2，X3；冬播 Y1，Y2，Y3；冬播 Z1，Z2，Z3。

N肥试验样品：N0-1、N0-2、N0-3；N1-1、N1-2、N1-3；N2-1、N2-2、N2-3；N3-1、N3-2、N3-3；N4-1、N4-2、N4-3。

K肥试验样品：K0-1、K0-2、K0-3；K1-1、K1-2、K1-3；K2-1、K2-2、K2-3；K3-1、K3-2、K3-3；K4-1、K4-1、K4-1。

P肥试验样品：P0-1、P0-1、P0-1；P1-1、P1-2、P1-3；P2-1、P2-2、P2-3；P3-1、P3-2、P3-3；P4-1、P4-2、P4-3。

有机肥试验样品：Y0-1、Y0-2、Y0-3；Y1-1、Y1-2、Y1-3；Y2-1、Y2-2、Y2-3；Y3-1、Y3-2、Y3-3；Y4-1、Y4-2、Y4-3。

激素试验样品：A1，A2，A3；B1，B2，B3；C1，C2，C3；D1，D2，D3；E1，E2，E3；F1，F2，F3；G1，G2，G3；H1，H2，H3；I1，I2，I3。

复合肥试验样品：A1 B1、A1 B2、A1 B3、A2 B1、A2 B2、A2 B3。

不同产地样品：1# 巫溪鱼鳞乡五宋村；2# 巫溪尖山镇大江村；3# 巫溪文峰镇思源村；4# 巫溪尖山镇九狮坪；5# 巫溪大河乡上游村；6# 巫溪徐家镇岔路村；7# 巫溪易溪乡龙花村；8# 巫溪下保镇平岗村；9# 巫溪双阳乡马塘村。

不同土壤样品：沙土种植；沙土带黏性种植。

分别取上述样品各 1.0 g，置于索氏提取器中，加乙醇 65 mL，回流提取

3 h，过滤，减压回收乙醇，残留物加少量甲醇溶解，并定容于 2 mL 容量瓶中，摇匀，作为样品溶液备用。

11.7.4 对照品溶液的制备

芦丁对照品购自中国药品生物制品检定所，供含量测定用。精密称取（减压干燥）芦丁对照品 5.01 mg，置于 25 mL 容量瓶中，加甲醇溶解，并稀释至刻度，摇匀；准确取 1 mL 上述溶液，置于 10 mL 容量瓶中，加甲醇制成 0.020 04 mg·mL^{-1} 的溶液，再准确量取该溶液 2，4，6，8，10，15，20，25 μL 进样测定，以峰面积（Y）为纵坐标，含量（X）为横坐标绘制标准曲线，回归方程为 $Y = 6\,934.5X - 3\,365$，$r = 0.999\,9$。在 0.040 08 ~ 0.400 8 μg 范围呈良好的线性，见图 C.6。

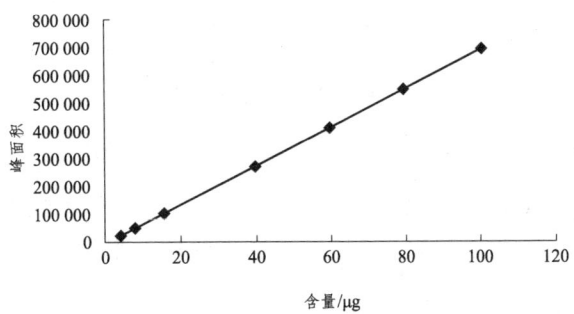

图 C.6 芦丁标准曲线

11.7.5 HPLC 色谱图

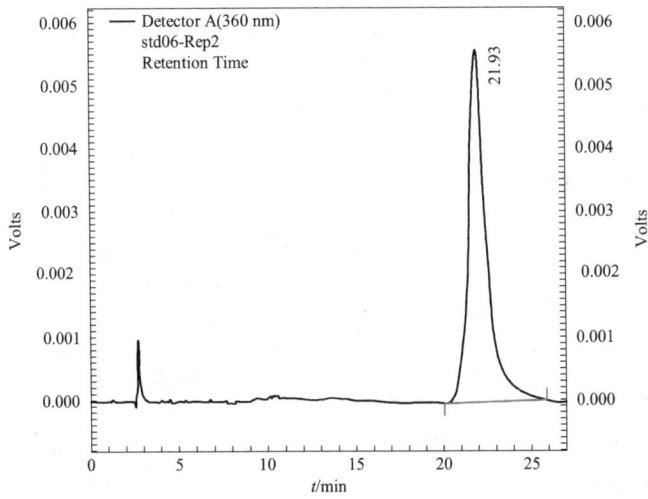

图 C.7 芦丁对照品色谱

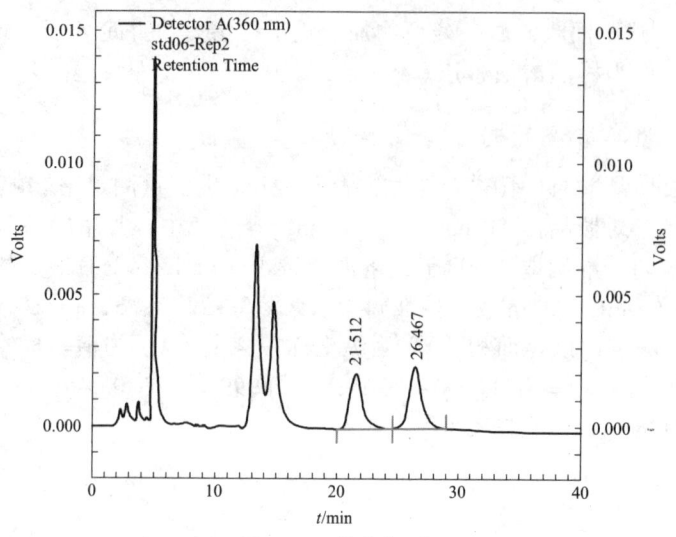

图 C.8　样品色谱

11.7.6　芦丁精密度试验

取上述 0.020 04 mg·mL^{-1} 的对照品溶液，连续进样 5 次，每次 10 μL，芦丁峰面积的 RSD 为 1.01%。表明测定结果的精密度良好。

11.7.7　加样回收率实验

分别称取鱼鳞乡五宋村产地的款冬花样品适量，加入芦丁对照品适量，进行加样回收实验。结果见表 C.25。

表 C.25　款冬花中芦丁含量加样回收率实验结果

序号	标准品加入量/μg	样品测得量/μg	实际测得量/μg	回收率/%
1	20.04	16.36	35.96	97.80
2	20.04	15.46	35.72	101.10
3	20.04	17.01	36.8	98.75
4	20.04	16.97	36.08	95.36
5	20.04	18.3	37.91	97.85
6	20.04	18.16	37.88	98.40

平均回收率：98.21%，RSD：2.66%。实验结果表明，加样回收率的平均值在 95.36% ~ 101.10%。

11.7.8　测定结果

各样品中芦丁含量测定结果见表 C.26 至表 C.28。

表 C.26　不同施肥处理的芦丁含量

氮肥水平	芦丁含量 /%	磷肥水平	芦丁含量 /%	钾肥水平	芦丁含量 /%	有机肥水平	芦丁含量 /%
N_0	0.26	P_0	0.52	K_0	0.53	有机肥$_0$	0.29
N_1	0.19	P_1	0.39	K_1	0.46	有机肥$_1$	0.19
N_2	0.36	P_2	0.34	K_2	0.54	有机肥$_2$	0.21
N_3	0.36	P_3	0.33	K_3	0.41	有机肥$_3$	0.22
N_4	0.26	P_4	0.32	K_4	0.39	有机肥$_4$	0.24

表 C.27　不同激素处理的芦丁含量

样品编号	处理方式	芦丁含量 /%	样品编号	处理方式	芦丁含量 /%
A1	A 植物基因活化剂	0.43	F1	F 多效唑	0.23
A2	A 植物基因活化剂	0.14	F2	F 多效唑	0.25
A3	A 植物基因活化剂	0.32	F3	F 多效唑	0.14
B1	B 国光比九	0.21	G1	G 云大 120	0.36
B2	B 国光比九	0.16	G2	G 云大 120	0.21
B3	B 国光比九	0.09	G3	G 云大 120	0.23
C1	C 矮壮素	0.23	H1	空白	0.18
C2	C 矮壮素	0.39	H2	空白	0.21
C3	C 矮壮素	0.29	H3	空白	0.18
D1	D 赤霉素	0.18	I2	空白	0.34
D2	D 赤霉素	0.43	I3	空白	0.17
D3	D 赤霉素	0.25			
E1	E 开花素	0.38			
E2	E 开花素	0.22			
E3	E 开花素	0.17			

表 C.28　不同土壤类型的芦丁含量

土壤类型	沙土	黏土
芦丁含量/%	0.18	0.17

11.8　性味与归经

参照《中华人民共和国药典》（2010 年版）一部款冬花项下拟订。

11.9　功能与主治

参照《中华人民共和国药典》（2010 年版）一部款冬花项下拟订。

11.10　用法与用量

参照《中华人民共和国药典》（2010 年版）一部款冬花项下拟订。

11.11　贮　藏

按药材的贮藏要求和《中华人民共和国药典》（2010 年版）一部款冬花项下拟定。

附录 D　款冬花 GAP 实施具体标准

一、款冬花仓库设施条件标准

依据《中华人民共和国食品卫生法》《中华人民共和国标准法》，参照款冬花特性，结合本公司具体情况，制定本款冬花仓库设施条件标准。

（1）仓库四周清洁，交通方便，易于排水。

（2）仓库容积不低于 1 800 m³。

（3）仓库内按基地数设置库位，各基地分库存放产品。

（4）仓库内壁粉白，敷粉层不易脱落。

（5）仓库内避光，内装防爆白炽灯照明，灯泡置于库顶。

（6）墙壁距地 30 cm 设有通风窗，易于开关以调节库内温度、湿度，通风窗有网格式防鼠、防盗护栏等装置。

（7）地表用水泥抹平，地表承受压力 3 t/m² 以上。地表用木栅防潮，离地 20 cm 存货。

（8）仓库内设置排风扇 6 把，用以调节库内湿度。

（9）本标准自发布之日起执行。

（10）本标准由公司质管部制订和起草。

质管部负责人：　　年　　月　　日

批准人：　　年　　月　　日

发布单位、日期：　　年　　月　　日

二、款冬花加工场地环境质量标准

根据《中华人民共和国标准法》制订本标准，本标准符合《中华人民共和国食品卫生法》《中华人民共和国清洁生产促进法》。

（1）款冬花加工场地空气质量符合 GB 二级标准。

（2）加工场地加工用水符合 GB 二级标准。

（3）加工场地地面用水泥抹平，且易于排水，承受压力 5 t/m² 以上。

（4）加工机具卫生达国家食品卫生标准，无二次污染现象。

（5）加工污水应排放至污水处理管道，不直接流入江河。

（6）加工场地周围 1 km 范围内无污染源，无医院和工厂。

（7）加工场地要有 300 m² 的晾晒场地，同时有 200 m² 的遮雨凉棚和 200 m² 的简易仓库。

（8）本标准自发布之日起执行。

（9）本标准由质管部起草并负责解释。

质管部负责人：　　年　　月　　日

批准人：　　　　　　年　　月　　日

发布单位、日期：　　年　　月　　日

三、款冬花包装卫生质量标准

根据《中华人民共和国食品卫生法》《中华人民共和国产品质量法》《中华人民共和国标准法》制订本标准。

（1）款冬花包装材料须无毒、无污染，不会造成第二次污染。

（2）用于款冬花的内外包装均须符合《中华人民共和国食品卫生法》第八条、第九条、第十条之规定。

（3）包装的卫生情况经质检中心检测达 GB11680—89 食品包装卫生标准。

（4）包装印刷符合 GB/T13483—92 包装术语标准。

（5）包装应具备防潮功能，符合 GB/T15171—94 相关要求。

（6）本标准自发布之日起实施。

（7）本标准由公司质管部制订和解释。

质管部负责人：　　年　　月　　日

批准人：　　　　　　年　　月　　日

发布单位、日期：　　年　　月　　日

四、款冬花仓库环境质量标准

根据《中华人民共和国标准法》《中华人民共和国国家食品卫生法》制订本标准。

（1）仓库周围没有医院、工厂等污染源。

（2）仓库所在地空气质量符合 GB 二级质量标准。

（3）仓库内符合国家 GAP 要求的相关规定，墙壁不脱落，不造成二次污染。

（4）仓库清洁用水符合 GB 国家二级加工用水标准。

（5）仓库防雨物符合 GB/T1381—1992 卫生质量标准，无毒、无污染。

（6）本标准由质管部制订和解释。

（7）本标准将随国家法律法规、标准等的最新版本修订。

质管部负责人：　　　年　　月　　日

批准人：　　　　　　年　　月　　日

发布单位、日期：　　年　　月　　日

五、款冬花包装材料质量标准

根据《中华人民共和国包装法》《中华人民共和国标准法》《中华人民共和国食品卫生法》制订本标准。

（1）巫溪款冬花包装分为内外两层，内层为不透气膜袋，外层为编织袋。

（2）包装规格为 108 cm × 60 cm，符合 GB/T13757 袋类包装尺寸系列要求。

（3）包装材料均为聚乙烯无毒制品。

（4）包装物符合 GB/T4857.21—1995 包装软件防毒要求、GB/T15171—94 软件包装密封要求、GB/T15099—94 抗冲击脆值要求。

（5）包装物符合 GB/T4857.3—92 静载堆码要求、GB/T16288—1996 回收要求。

（6）本标准由公司质管部负责制订和解释。

（7）本标准将随国家新规定和公司要求随时修订。

质管部负责人：　　　年　　月　　日

批准人：　　　　　　年　　月　　日

发布单位、日期：　　年　　月　　日

六、款冬花 GAP 基地种植流程及关键技术控制点

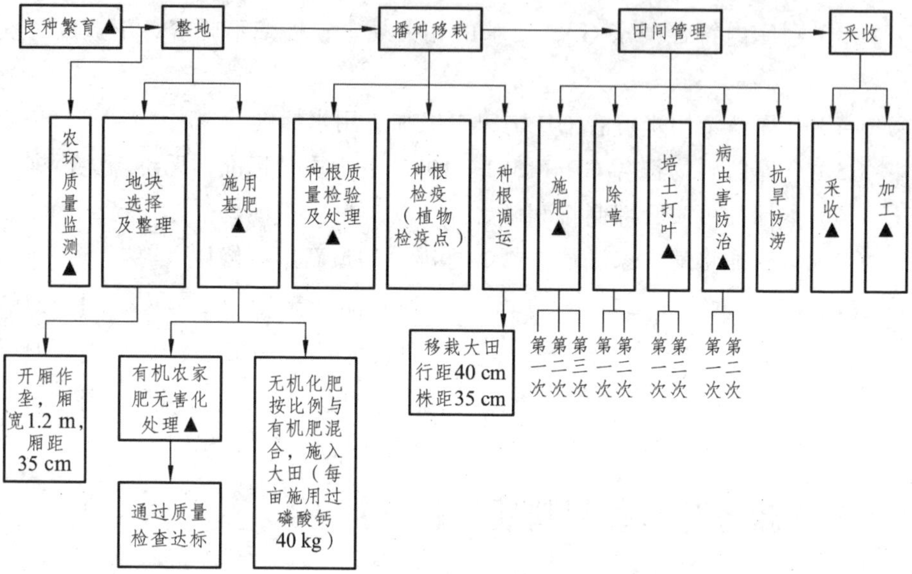

图 D.1　款冬花 GAP 基地种植流程

注：带有"▲"为关键技术控制点。

七、款冬花 GAP 种植基地大气、灌溉水监测选点报告

巫溪地形复杂，相对海拔差异较大，立体气候明显，区域田间小气候差异很大，土壤类型多样。根据款冬花生长习性及适应的气候，按照 GAP 要求，参照 GB3095—1996《国家环境空气质量标准》二级标准、GB3838—2002《国家地表水环境质量标准》一级标准进行。

（1）大气环境质量监测布点：在巫溪款冬花种植基地选择有代表性的中梁、宁厂、大河、双阳、通城、镇溪、尖山 7 个样点进行采样监测。监测分析项目为 SO_2、NO_x、TSP 及氟化物 4 项指标。

（2）水质监测点：根据巫溪款冬花基地分布情况，引用水源不同，对所有 10 个基地的种植情况及灌溉水进行布点检测。检测内容重点分析农药残留、重金属含量、细菌及大肠杆菌等指标。

GAP 种植基地的大气、水质监测布点合理，依据充分，具有代表性和说服力。

八、款冬花种植基地农环质量标准

根据绿色食品药品种植要求，凡是 GAP 种植基地，大气、土壤均应达到国家农环质量二级标准。灌溉水应达一级标准，针对巫溪地域特点，巫溪款冬花 GAP 种植基地农环质量执行 GB3095—1996《大气环境质量标准》、GB5084—92《农田灌溉水质量标准》、GB1596—95《土壤质量标准》。具体见表 D.1 至表 D.4。

表 D.1　大气环境质量标准（GB31095—1996）二级

项　　目	国家二级浓度限值			单　位
	小时平均值	日平均值	年平均值	
二氧化硫	0.5	0.15	0.06	mg/m³
总悬浮微粒（TSP）	0.15	0.10	0.20	mg/m³
氮氧化合物（NO$_x$）	0.15	0.10	0.05	mg/m³
二氧化氮（NO$_2$）	0.12	0.08	0.04	mg/m³
一氧化碳（CO）	10.00	4.00	2.00	mg/m³
氟化物	20.00	7.00	1.80	mg/m³

表 D.2　农田灌溉水质量标准

项目	标准值（mg/L）
汞	≤0.001
铅	≤0.1
镉	≤0.005
砷	≤0.1
铜	≤0.2
铬（六价）	≤0.1
氯化物	≤250
氟化物	≤2.0
氰化物	≤0.5
挥发酚	≤1.0
苯	≤2.5
硫化物	≤1.0
大肠杆菌	≤100 个/L
细菌总数	≤10 000 个/L
滴滴涕	≤0.01
六六六	≤0.01
pH	6.5～8.0

表 D.3　款冬花 GAP 种植基地土壤环境质量标准 GB15618—95（二级）

项目	标准值（mg/kg）	
pH	6.5～7.5	>7.5
汞 ≤	0.5	1.0
镉 ≤	0.30	0.60
砷 ≤	30	25
铜 ≤	100	100
铅 ≤	300	350
锌 ≤	250	300
镍 ≤	50	60
铬（六价）≤	200	250
六六六 ≤	0.50	0.50
滴滴涕 ≤	0.50	0.50

表 D.4　款冬花加工用水质量标准（GB3838—88）

项目	标准值（mg/kg）
汞 ≤	0.001
镉 ≤	0.01
总砷 ≤	0.01
总铅 ≤	0.05
铬（六价）≤	0.05
氰化物 ≤	0.05
氟化物 ≤	1.0
氯化物 ≤	250
细菌总数 ≤	100 个/mL
大肠杆菌 ≤	3 个/mL
pH	6.5～8.5

附录E　款冬花种植基地农药安全施用方案

　　款冬花在大田生长过程中，经常遭受病虫危害而影响产量和质量。为了防治病虫害，既不因用药不当损伤植株，也不因防病治虫增加更大的生产成本，合理施用农药，保证产品的农药残留安全显得尤为重要。根据巫溪款冬花种植基地常见病虫害，建立安全施用农药方案，确保种植基地款冬花的产量和质量，确保种植基地最佳单位产值和效益。

一、款冬花常见的病虫害种类及危害情况

　　巫溪款冬花种植基地海拔差异较大，田间小气候各异，但常见病虫害大同小异。近两年来，常见病虫害发生情况一般，对款冬花产量影响不是很大，对质量基本没影响。最常见的病虫害主要有以下几种。

　　（1）褐斑病，真菌性病害，发病较普遍，基本上是种植款冬花的田块都有此病，但因田间小气候不同而危害程度各异。一般情况下低洼潮湿地田、地下水位较高地块发病较重，起坡地段、地下水位较低田块发病较轻。巫溪9个基地乡镇中，大河、宁厂、徐家、鱼鳞发病较为频繁，发生程度略重，常年感病面积2 700亩左右；双阳、文峰、易溪发病次之，常年感病面积900亩左右；尖山、中梁两乡感病较少，一般情况下可以不防治。该病感染植株后，重点危害叶片，感病初期，在叶面形成褐色斑点，呈轮纹状分布扩散，当叶片感病70%以上，叶片变成褐色后枯死。发病主要集中在7月中旬至9月上旬高温多雨季节。

　　（2）叶枯病，发病较少见，对款冬花产量影响不大。常年发生在坡度较大、土壤贫瘠，特别是缺钾田块。目前只在鱼鳞、易溪两地零星发生，发病面积300亩左右。该病多数为生理性病害，少数为真菌感染导致。在土地贫瘠、土壤严重缺钾情况下，叶片边缘卷起枯死，并不再向内扩散，叶片偏黄多为生理性缺钾所致。如果叶片内卷干枯坏死，并逐渐向内扩散，叶脉返黄，多为真菌感染所致。该种病害多发于低温高湿季节，多见于6月中旬至7月中旬。

　　（3）菌核病，极少发生，是一种真菌病害，发病多见于高温高湿季节，

感病叶片表面布白色菌丝体，叶片退绿变黄后成褐色坏死，遇干湿低温，菌丝体变成黑色子实体菌核，形如老鼠屎状。巫溪目前还未发现此种病害。

（4）蛴螬，成虫学名金龟子，是一种专食地下根茎的地下害虫，也取食地上叶片，食性较杂。蛴螬在地下取食款冬花地下茎，造成死苗，缺植株，多发生于土壤疏松的沙壤地块。巫溪常发生的有文峰、双阳、宁厂等地，常年发生面积 3 000 亩左右，对产量影响不是很大。多在 4 月中旬至 5 月下旬发生。

二、当地农药销售现状

农资市场出售较多、较常用的农药大体有以下几类：

（1）拟除虫菊酯类，主要有甲氰菊酯乳油、氰菊酯乳油、除虫菊酯。全县贮藏 300 公斤左右。该类药杀虫力强，击倒快，杀虫谱广，特别对鳞翅目、鞘翅目、双翅目等 150 种以上害虫均有良好的防治药效。无内吸性，用药量少，对植物安全，低毒、低残留，对食品安全，但对鱼类高毒。

（2）有机类：主要有杀螟松、杀虫双、水胺硫磷、敌百虫、百虫灵、敌敌畏、乐果、氧化乐果、马拉硫磷、甲基对硫磷、磷胺等。巫溪农资市场存量在 2 000 kg 左右。该类农药具有内吸性，有治疗保护作用。其中杀螟松、敌百虫、百虫灵、敌敌畏是广谱杀虫剂，具有触杀和胃毒作用，对人畜低毒，使用较为广泛；乐果、杀虫双、水胺硫磷、氧化乐果、马拉硫磷、辛硫磷、甲基对硫磷、磷胺等虽然杀虫力强，但对人畜等动物都具有中毒和高毒，平时使用也较为广泛，但被 GAP 基地列为禁用农药。

（3）氨基甲酸酯类：主要有呋喃丹、涕灭威，目前巫溪市场存量 2 000 kg 左右。该类药毒性强，对防治蛴螬、金针虫、小地老虎等地下害虫效果很好，对人畜毒性较高，被 GAP 种植基地列为禁用品种。

（4）铜素制剂类：主要有波尔多液、硫酸铜、甲霜铜、甲霜铝铜、可杀得、薯温消等。巫溪市场存量常年在 6 000 kg 左右。该类药都是保护性杀菌剂，能防治多种物品的叶斑病、炭疽病、霜霉病、黑斑病、疫病、锈病、枯病等，使用广泛；但对禾本科、十字花科、蔷薇科等植物有副作用，一般很少用此药。

（5）硫素类：主要有石硫合剂、硫黄粉、胶体硫粉剂。巫溪市场存量常年 100 kg 左右，该类药具有杀虫、杀螨、杀菌作用，毒性较低，对豆类、薯类、蔷薇科植物易产生药害，生产上一般少用。

（6）有机硫制剂类：主要有代森锌、代森铵、敌克松、敌锈钠、灭菌青、克菌灵等，巫溪市场常年存量 2 300 kg 左右。该类药为广谱性杀菌剂，具有高效、低毒、低残留等特点，可防治多种作物的粉病、疫病、软腐病、环腐病、立枯病、猝倒病等。使用较为广泛。

（7）生物源农药类：主要有井冈霉素、农用链霉素、农抗 120、农抗 109、浏阳霉素、杀螟杆菌、5406、白僵菌、多抗霉素等。巫溪市场常年存量 800 kg 左右。该类农药都是来源于生物或微生物提取物，非人工化学合成，对人畜无毒，对植物安全，杀虫、杀菌效果选择性强，使用很广泛。

（8）其他类：主要有百菌清、托布津、甲基托布津、甲霜灵、乙烯菌核利、多菌灵、粉锈宁（三唑铜）、扑海因（异菌脲）等，巫溪市场常年存量 1 600 kg 左右。该类药高效、低毒、低残留、防治效果较好，生产上使用广泛。

三、款冬花 GAP 种植基地农药安全施用原则

一是坚持"预防为主，综合防治"的植保方针，严格控制农药施用总量原则；二是按照国家绿色药品生产规定，坚持无公害化处理原则。

"预防为主，综合防治"就是款冬花从种根调入播种开始到产品收挖过程中，对每一个生产环节，针对不同的病虫害采用不同的耕作方式或人为控制，减轻或避免病虫害大面积发生。同时结合物理、化学、生物等防治方法综合进行防治的一项措施。

严格控制用药总量，在防治病虫害过程中，针对不同病虫害选用不同种类的农药，并根据农药降解程度、在植株体内残留时间及残留量等，严格控制施用次数、施用浓度以及用量，确保产品和土壤农药残留不超标。

无公害化用药，即对人畜高毒、降解慢、残留时间长的农药禁止使用，国家列为禁用的农药禁止使用，GAP 列入禁止使用的农药在款冬花种植基地禁止使用，确保农药无公害。国家禁止使用和 GAP 禁止使用的农药见表 E.1。无公害另一层意思是指所用农药对植物无损伤，对水质无污染，用药安全间隔期有限等，农药混用之间没有不良化学反应发生。一些常用农药用量及安全间隔期见表 E.2。按照国家二级绿色食品农药使用准则规定，允许使用植物源农药、动物源农药、微生物源农药，允许使用硫制剂、铜制剂，允许有限使用部分有机化学合成农药。

表 E.1 国家禁止及 GAP 禁止使用的农药一览表

禁止使用类别	农药中文名称	拉丁文名称及代号
国家禁止使用类	滴滴涕	DDT
	六六六	HCH
	毒杀芬	Cmphechlor
	三氧丙烷	Dibromochloropane
	杀虫脒	Chlordimefom
	三溴乙烷	EBD
	除草醚	Nitrofen
	艾氏剂	Ahdrin
	狄氏剂	Dicldrin
	汞制剂	Mercury compounds
	砷	Arsena
	铅	Acetate
	敌枯双	
	氟乙酰胺	Fluoroacetamide
	甘氟氟	Gliftor
	毒鼠强	Titramine
	氟乙酸钠	Sodiumfluoroacetate
	毒鼠硅	Silatrane
	甲胺磷	Methemidorphos
GAP 基地禁止使用类	甲基对硫磷	Parathion methyl
	对硫磷	Parathion
	久效磷	Phorate
	甲基异柳磷	Iofenphos methyl
	治螟磷	Sulfotep
	内吸磷	Demetom
	克百威	Carbofuran
	三氧杀螨醇	Dicofol
	氰戊菊酯	Femalerate
	氧化乐果	Omethoate

176

表 E.2　常用农药用量及安全间隔期

种类	名　称	亩 用 量	间隔期/d
杀菌剂	50%多菌灵	800～1 000 倍液 60 kg	>14
	波尔多液	1：1：100　80 kg	7～10
	50%甲基布津	200 g	>10
杀虫剂	甲氰菊酯	15%浓度 20 mL	>15
	苏阿维	150 g	≥7

　　病虫害防治应从作物、病、虫、草等整个生态系统出发，综合运用各种防治措施，创造不利于病虫害孳生和有利于各类天敌繁衍的环境条件，保持农业生态系统的平衡和生物多样化。同时采用优先的农业措施，选用抗病虫害品种，种子非化学药剂处理，培育壮苗，加强栽培管理，清洁田园，轮作间作等一系列措施进行有效防治。

四、无公害农药组织方案

　　要保证施用农药的安全，确保农药质量的安全性是首要任务。根据国家绿色药品安全用药准则（2004 年 10 月 30 日发布），国家明令禁止使用农药品种名单（2004 年 11 月 8 日发布），公司建立了款冬花无公害农药安全组织方案。

（一）农药管理体系

　　公司根据实际需要，按照 GAP 用药要求，建立完整的领导机构及管理制度。

　　1. 领导机构及职责

　　（1）农药主管：由生技部长兼任，负责所有 GAP 基地施用农药品种的认定，施用剂量和时间的确定，农药施用的具体实施技术培训及指导。

　　（2）农药采购：由综合后勤部长兼任，按照农药主管提供的农药品名及产地、有效含量要求采购相应农药，并保管购回的药品，根据用药要求发施药品，作好相应出入库登记管理工作。

（3）农药监督：由质检部长兼任，负责审核农药品种的品名、安全性能评价，农药保管监督，农药施用监督，根据农药 SOP 施用规程检查基地施用执行情况。

2. 管理制度

根据农药安全使用操作规程，公司在种植基地用药实行"四统一"：一是统一技术指导，二是统一用药品种，三是统一购药途径，四是统一管理。

（1）统一技术指导。在各基地乡镇，由生技部统一技术培训，确定用药时间、最大用药剂量、施用方法。

（2）统一用药品种。用于款冬花 GAP 基地病虫害防治的农药品种，统一由生技部提供，其他部门和个人均不能自行确定农药品种，各基地防治相同病虫害的农药品种施用一致。

（3）统一购药途径。生产基地施用的农药，由公司综合后勤部统一采购，其他部门和个人均不得私自在外采购农药，生产基地施用时在综合后勤部领用。

（4）统一管理。各生产基地都在生技部的统一安排指挥下，加强农药管理，对不服从统一管理的基地，取消 GAP 基地资格，其产品不纳入 GAP 基地产品销售，确保农药施用规范、安全。

（二）农药组织体系

根据公司具体规定，按照 GAP 农药施用准则，依据国家农药安全使用规则，巫溪款冬花 GAP 种植基地农药组织实行采购与使用分离、保管与采购分离，实行层层签字负责制。具体组织体系为：生技部提供农药品种名称—报综合后勤部购买—送仓储部保管—生产基地领用—（接受质检部监督、接受生技部技术培训）—按生技部统一技术施用。

五、无公害农药使用规定

根据款冬花 GAP 种植相关要求，结合巫溪种植基地实际情况，对巫溪款冬花 GAP 基地农药使用作此规定。

（1）禁止在各 GAP 基地规划区内施用国家已经明令禁止的农药品种，具体品种见表 E.1。除此表所列农药外，如果现在被国家纳入禁用药品，在款冬花 GAP 基地取消使用。

（2）禁止使用列入在 GAP 种植基地禁用农药品种，具体品种见表 E.1。除此表所列品种之外，如有最新列入禁用品种，在款冬花 GAP 基地同样禁用。

（3）严格按 SOP 要求，限量使用农药，每块田地均应按 GAP 种植基地要求限制最高用药量和施药次数。

（4）严格按照农药安全间隔期重复施用，在安全间隔期内不能重复施用同一品种农药。

（5）严格按农药管理制度进行管理，各基地施用农药时必须在技术员指导下进行操作。

（6）用于款冬花 GAP 基地的农药新品种，必须首先经过严格的药效试验，确认符合无公害标准后方能用于 GAP 种植基地推广施用。

（7）其他需要注意或说明的问题。

六、农药安全施用技术要点

农药的形态和剂型多样，病虫害的危害形式各异，因此农药的施用也多样化。但最基本的施用原理和根本目的一致，所以在农药施用时要看天、看地、看病虫，看农药合理用药，对症下药，做到既经济有效，又安全可靠。安全合理用药须掌握下列技术要点：

1. 根据病虫害种类及其危害方式选用适当的剂型和相应合理的措施

防治蚜虫、叶蝉等刺式口器害虫，可选用内吸性药剂；防治蛴螬、蝼蛄等地下害虫，可选用熏蒸、胃毒剂型农药；防治叶片病害和根茎病害，应根据具体病害确定合适的农药。同时还应根据病虫害特点，采取相应的用药方法：防治叶片病虫害，多采用喷雾法或涂抹法；防治地下种子、根茎的病虫害，多采用灌根、拌种、土壤处理或毒饵法；对防治土壤传播传染病害，一般采用土壤消毒，效果较好（表 E.3）。

表 E.3　款冬花 GAP 基地常用农药品种及使用方法

农药名称	防治对象	使用方法
敌百虫	广谱杀虫剂，对蝇特效	喷雾
辛硫磷	对鳞翅目幼虫特效，特别适用于防治蛴螬、地老虎等地下害虫	喷雾，毒土、毒饵
波尔多液	广谱杀菌剂，防治叶斑病有特效	喷雾
甲基托布津	广谱杀剂，对叶斑病、根腐病有特效	喷雾、灌根
多菌灵	广谱杀菌剂，对锈病、霉病有特效	喷雾

2. 根据病虫害发生特点和气候变化适时用药

大多数危害药用植物的害虫，在幼龄阶段危害都比较轻微。这时防治省药、防治效果好。因此治虫选在这个时期效果最佳，坚持"预防为主"的原则，在发病初期立即有效控制，以防蔓延。若蔓延大面积发生后再防治就很困难了。

在施药时还应注意天气变化。一般适宜在早晨 8—11 点、下午 5 点之后用药较为理想，高温时用药，虽然防治效果好，但易造成药害；刮风天气时喷雾易造成药物浪费；下雨天不能用药。根据药物特点，一般施药后 24 h 内不能下雨，否则就没有什么效果。

3. 根据药物的性质合理施用

药剂的施用，不但要注意药剂与病虫的对症问题，同时还要注意药物本身的性质问题，如波尔多液多次重复在同一田块使用，会使土壤 pH 发生变化，降低土壤酸度；一些水溶性溶液在喷雾时叶面附着力较差，常因植物吸附或吸收较少而降低治疗效果，因此在使用这类药物时，一般都在药液中加入 0.3% 的肥皂或洗衣粉增强对植物的附着力。

不同药物其酸碱性质也各异，在施用时要注意药物之间、药物与肥料及生长调节剂之间混用时防止发生化学反应而降低彼此效果。

4. 避免发生药害

根据款冬花生长特点，对强酸性药物较敏感，因此施用时尽量不施强酸性农药品种，以免因用药不当而造成药物伤害。为了防止药害，应做到以下几点：

（1）充分了解药剂性质，严格控制使用量和施用浓度。

（2）提高施药技术，改进施药方法，注意药滴分布均匀。

（3）根据植物种类及生育期不同，选用适合的农药品种和安全有效的剂量。

（4）看天气施药，一般气温超过 30 ℃，空气相对湿度低于 50%，风速超过 5 m/s，烈日、浓露和雨天不宜施药。

（5）农药混用时不应有不良的化学反应。

（6）新农药使用前，必须经过严格的药效试验，找出安全有效的剂量或浓度及最佳施用方法，确认无药害后方可使用。

5. 合理混用和交替使用农药

农药合理混合使用可以提高防治效果，防止和降低病虫产生抗药性，同时兼治多种病虫危害。但并不是所有的农药都可以混合使用，混合使用要根据药物自身性质、病虫危害部位等确定是否可以混用，否则就会产生药物失效或造成药害等不良结果。一般情况下，波尔多液不宜与治虫农药混用。

如果经常使用同一种农药，容易使病虫产生抗药性，因此在防治病虫害时应几种农药交替使用，避免产生抗药性。如防治款冬花褐斑病前期用1∶1∶100 波尔多液，第二次就可以用 45% 多菌灵；防止蛴螬第一次用 98% 晶体敌百虫，第二次就可以用辛硫磷。

6. 避免农药残留

合理使用农药不但要提高防治效果和避免药害，同时要避免和尽量减少残留。农药残留分土壤和产品残留两方面。因此在 GAP 种植基地禁止使用高残留农药品种，限时限量使用规定农药，同时还要注意安全间隔期。

因为许多农药本身含有重金属元素，多次重复对同一田块施用，易对土壤造成重金属污染，因此凡被列入 GAP 检测对象的农药品种，一律不得用于款冬花 GAP 基地施用；如必须施用，也只能限量交替使用，不能多次、长期施用同一品种。

七、农业防治方案

农业防治是指在农作物或药用植物栽培过程中采用一系列栽培管理措

施，有目的地改变某些环境因子，营造不利于病虫滋生繁殖的环境，避免或减少病虫的发生，从而达到保护植物的目的的一种手段。农业防治往往易被忽视。

优良的农业技术，不仅能保证药用植物对生长发育所要求的适宜条件，同时还可以创造和经常保持足以抑制病虫害大量发生的条件，把病虫害的危害降低到最低限度。

根据病虫害的生存、繁殖特点，采取不同的农业防治方法。

1. 选用抗病虫品种

抗病虫性是指植物在田间有病菌或害虫存在的条件下，仍能获得应有的产量和质量，不影响药用部分的经济效益。植物不同种、变种及品种之间抗病虫能力差异很大，并且由于历史原因，药用植物抗病虫品种的选育远远落后于大田作物及其他经济作物，因此加强对药用植物抗病虫品种的选育工作很重要。

2. 采用合理轮作制度进行轮作

同一品种植物在同一田块多年种植，不仅破坏了土壤结构，使地力逐渐衰退，而且给危害该种植物的病原菌提供了生存环境。

轮作制度就是在同一地块上，在一定时期内，有计划地轮流种植不同种类的作物或其他药用植物。正确合理的轮作制度，不但能提高土壤肥力，有利于作物的生长发育，提高作物的抗害能力，而且对于食性或寄生性专一或比较专一的害虫和病原菌，可以使其营养条件恶化，从而降低其生存能力。

同时由于作物种类的更换及耕作栽培技术的变化而改变了田间环境条件，也不利于病菌和害虫的生存。

但需要注意的是，同种作物或药用植物，不能在同一田块上轮作。款冬花一般宜与玉米、高粱、大豆、小麦等作物进行轮作或间作。

3. 合理间作套种

间作套种有利于增加田间作物的多样性，可以有效地抑制病虫害大面积暴发，从而减轻危害。间作有两种方式：一种是间作套种不同的药用植物或作物，间作套种的植物之间要没有共同的病虫害，这是选择间作套种的前提条件。另一种是间作同一种但有较大生物学特性差异的品种。款冬花一般宜与玉米、大豆间作套种，玉米植株高大，有利于遮阴，可防止款冬花暴晒。

4. 精作深耕

冬季和春季深耕可以改善土壤的物理性状、化学性状，同时因翻耕能直接破坏土壤害虫的巢穴及蛹的孵化环境，还能把在表层内越冬的害虫翻进土层深处，使其不能羽化出土，又可把蛰伏在土壤深处的害虫及病菌翻露于地表，经日晒、鸟食、冰冻等可直接消灭部分害虫，减少害虫基数。精耕细作能促进植物根系发育，增强其吸肥能力，使植物生长健壮，增强抵抗病虫害的能力。款冬花 GAP 种植基地一般在播种移栽前一个月进行深耕细耙，垄厢提行。

5. 合理施肥

合理施肥能促进植物的根系发育，增强其吸肥能力，使药用植物生长健壮，增强抗病虫害能力，特别是施肥种类、时间、数量和方法等都与病虫害发生相关。如款冬花氮肥施用过多，易造成植株陡长，叶片嫩绿肥厚，往往容易引起叶斑病及蚜虫危害，同时还易引起菌核病、叶枯病发生。因此款冬花在施肥时应多施磷、钾肥，少施氮肥。

施肥不当往往加重病虫害危害，如有机肥未腐熟时，含有大量虫卵和病菌孢子，直接施用就有可能导致蛴螬、蝼蛄和菌核的偏重发生，因此施用有机肥和农家肥时，一定要腐熟处理，以降低孢子萌发力，杀死虫卵。

6. 清洁田园，控制土壤湿度

地里残存的病株、杂草及枯枝落叶，往往是病虫隐蔽藏身及越冬的场所，成为翌年病虫害的主要来源。因此，在发育期间，结合中耕除草，拣出残枝枯叶，药材收获后及时清除病株落叶，或收集后集中烧毁，都可以减少病虫害的发生。

土壤湿度是造成病虫流行危害的关键因素，湿度过大常引起病害严重发生。因此合理排灌，控制土壤湿度可以有效地防治病虫害发生。

八、物理防治方案

物理防治就是利用昆虫和病菌的发育和繁殖对各种物理因素如温度、光照等的要求，采取一系列物理措施进行防治的方法。该方法无污染，成本低，在药用植物病虫害防治，特别是 GAP 种植基地多采用。

物理防治方法很多，现介绍使用较多的几种办法。

1. 人工捕杀和打剪老黄叶、病叶

防治款冬花枯叶病和褐斑病，在 7 月中旬除草时结合剪除老黄叶及带病叶，可有效预防病害流行。对蛴螬成虫，也可人工捕杀。

2. 诱杀或诱集

利用害虫趋光性和趋色性的特点，使用光或色板进行诱杀。蚜虫喜趋黄色，可以使用黄色粘板诱杀蚜虫；蛴螬具有趋光性，可在夜间设置灯光诱杀。还可利用害虫的趋化性来诱杀，如糖醋酒液制成的毒液诱杀地老虎效果较好。

3. 种根处理

款冬花种根在移栽前，剪成小段后用多菌灵或甲基托布津溅根消毒，可有效杀灭附着于种根上的病原菌，以减少病原菌携带量，从而减少病源。

九、土壤农药残留量执行标准及监测方案

中药材 GAP 生产应重点进行土壤监测，一般每年必须检测一次，根据 GB15618—95 土壤环境质量标准值，土壤农药残留量重点监测六六六和滴滴涕，具体标准见表 E.4。

表 E.4　土壤农药残留量标准值（GB15618—95）

项目	标准值/（mg/kg）			
	一级		二级	
	自然背景	pH<6.5	pH = 6.5 ~ 7.5	pH<7.5
六六六	0.05	0.5	0.5	0.5
滴滴涕	0.05	0.5	0.5	0.5

对土壤农药残留量进行监测，根据款冬花基地用药情况，实时检测。一般情况下在第一次种植的田块检测一次，两个轮作期后再检测一次，看是否有农药残留量超标。

十、基地产品农药残留量执行标准及监测方案

款冬花 GAP 基地应符合国家绿色药品使用准则，相关农药残留量执行下列标准，本标准出版所有版本均为有效。所有标准都会被修订，在使用时最新版本标准出台后参照最新版标准执行。

GB4285—1989　农药安全使用标准

GB8321.1—1987　农药合理使用准则（一）

GB8321.2—1987　农药合理使用准则（二）

GB8321.3—1987　农药合理使用准则（三）

GB8321.4—1987　农药合理使用准则（四）

GB/T391—2000　绿色食品产地环境技术条件

我国农药残留限量国家标准（2005 年 5 月 24 日发布）见表 E.5。

巫溪款冬花 GAP 种植基地产品检测执行上述标准。

表 E.5　农药残留限量国家标准

（2005 年 5 月 24 日发布）

名称	种类	限量／（mg/kg）	标准号
滴滴涕	杀虫剂	0.1	GB2763—81
六六六	杀虫剂	0.2	GB2763—81
倍硫磷	杀虫剂	0.05	GB4788—94
甲拌磷	杀虫剂	不得检出	GB4788—94
对硫磷	杀虫剂	不得检出	GB5127—1998
马拉硫磷	杀虫剂	不得检出	GB5127—1998
辛硫磷	杀虫剂	0.05	GB14868—94
甲胺磷	杀虫剂	不得检出	GB14873—94
呋喃丹（克百威）	杀虫剂	不得检出	GB19428—94
氰戊菊酯	杀虫剂	0.2	GB14928.5—94
溴氰菊酯	杀虫剂	0.052～0.11	GB14928.4—94
敌敌畏	杀虫剂	0.2	GB5127—1998
多菌灵	杀菌灵	0.5	GB14870—94
百菌清	杀菌灵	1.0	GB14869—94
草甘膦	除草剂	0.1	GB14968—94

十一、方案安全性合理评价

巫溪款冬花GAP种植基地农药安全施用方案的编写，参照了《中国药典》（2010年版）、《中国食品安全卫生管理规则》《土壤农环质量标准》等相关法律法规，结合巫溪实际地理条件，根据病虫害发生规律、病虫生活特点，选择了以农业防治为主，配合物理防治、化学防治手段综合预防，尽量减少农药污染和残留，符合GAP农药施用要求，符合药品食品卫生质量要求。该农药安全施用方案全面，具有可操作性、指导性和安全性，能够满足巫溪款冬花GAP种植基地农药施用要求，可用于各生产基地指导生产时使用。

附：国标农药残留最高限量标准和相应检测方法

根据产品的分片种植情况，对基地产品实行收挖现场监测，在每个片区采用角折点法布5个有代表性的点，进行取样分析。全县按海拔、土壤田质划为四大片区（猫儿背林场片区、白果林场片区、大官山片区和红池坝片区），布置样点20个，每点随机取产品100 g综合分析农药残留量，重点监测六六六、滴滴涕、马拉硫磷、甲胺磷、氧化乐果、克百威（呋喃丹）、对磷硫、甲拌磷、乙酰甲胺磷、氰戊菊酯、溴氰菊酯、毒死蜱等国家明确规定不得检出的农药及严格最高限量农药品种。

附录 F　款冬花 GAP 种植地点选择依据及标准

款冬花 GAP 种植地点的选择,主要是根据款冬花生长习性对地域的适应性,同时按照绿色食品药品生产要求,对种植地域和农环质量严格控制,选择既适宜款冬花的正常生长,又符合国家农环质量二级标准的地域环境,同时考虑交通运输条件和人文因素等,具体选择种植点。

一、符合款冬花生长习性

重点根据款冬花生长习性,选择适宜款冬花正常生长的地区。款冬花喜阴凉气候,怕高温涝渍,最适宜生长气温为 25 ~ 32 ℃,气温超过 36 ℃ 就会造成叶片枯萎死亡,最适宜海拔为 1 200 ~ 1 800 m;土壤质地以疏松、保肥力强的沙壤土最好,要求土壤腐殖质含量较高。根据这些特性,巫溪选择了分布在大官山、猫儿背林场、九狮坪、白果林场等地海拔在 1 200 ~ 2 000 m 的宁厂、大河、易溪、尖山、双阳等 10 个乡镇 30 多个村的地域,作为款冬花 GAP 种植基地。

二、农环质量标准达标

款冬花种植基地的选择,除以植物生长习性为主外,按照绿色食品要求,对种植地域的农环质量作了充分考虑。一是种植地及其周围没有矿山开采;二是种植地及周围 2 km 范围内没有工厂及高密度人群集中场所;三是种植地周围无污染源;四是种植地的土壤、水质、大气质量标准符合国家二级标准。

三、地势较为平坦,地域相对集中

地势较为平坦,不积水,坡度在 10°以上,25°以下。地域相对集中,过于分散，管理难度大，费时费工，增大投入。一般要求种植规模在 50 亩以上，便于管理和技术指导。

四、交通便利，运输通畅

要实现 GAP 种植基地规模化、集约化生产，交通条件也是选择的重要依据，交通不便，生产资料、产品运送就得靠人力，一是投入成本高，二是浪费时间，效率低。因此要获得较高的效益，种植基地必须交通、通信畅通，运输便捷，最低要求是必须开通农用车道。

五、基地人文条件较好

人文因素包括当地领导重视程度、农民文化程度、市场经济意识等方面。款冬花选择的 GAP 种植基地必须是当地领导重视、农民文化程度较高、对 GAP 认识较深的地域，才能正确实施 GAP 种植技术和管理技术，不然就会出现实施不力，管理不到位等情况，难以达到 GAP 基地的各项要求。

因此在选择款冬花 GAP 种植地点时，要结合上述多方面因素考虑，既要选择适宜款冬花生长的地域环境，又要考虑人文因素和交通条件，这样方能真正将 GAP 付诸实施。

附录 G　巫溪县款冬花 GAP 种植基地环境评价

　　按照 GAP 标准，建立优质中药材基地，是我国中药材现代化生产的重要内容。中药材生产基地环境质量评价是建立 GAP 生产基地必须具备的重要条件。巫溪款冬花是我国人工栽培较早的名贵中药材，已有 300 多年栽培历史，20 世纪 50 年代巫溪就建立了优质款冬花生产基地，1958 年获国务院总理亲提"中药材生产红旗县"。2003 年全县建立优质款冬花生产基地 4 800亩，2004 年建立万亩优质绿色款冬花生产基地。为保证款冬花 GAP 种植基地的产品质量，我们对种植基地的环境质量进行了监测评价，为巫溪款冬花项目完成提供了科学的选址依据。

一、材料和方法

1. 大气环境质量监测

　　在巫溪款冬花种植基地选择了有代表性的中梁、宁厂、大河、双阳、通城、正溪、尖山 7 个样点进行监测，采样方法和分析方法依据相关文献进行，分析监测项目为 SO_2、NO_2、TSP 及氟化物 4 项。采样频次为每天 8：00，11：00，15：00，18：00，四个时段，SO_2、NO_x 及氟化物每个时段采样 30 min，TSP 采样时段连续 60 min，连续采样 3 d。分析项目参照国家标准 GB3095—1996 国家环境质量标准二级标准执行。

2. 水质监测

　　采样和监测根据国家环保局颁布的《环境监测分析方法》执行，分析项目参照国家标准 GB3838—2002 地表水环境质量标准一级标准执行，检测 11项指标。对用不同水源的 7 个基地水质进行监测。

3. 土壤环境质量监测

　　根据巫溪地质结构和地段特点，选取了 6 个样点取样化验分析，取样分析方法参照国家环保局颁布的《环境监测分析方法》和文献法执行。分析项目参照 GB15618—1995 土壤环境质量标准、NY/T391—2000、NY/1239—

1999、GB/T17138—1997、GBT/8538—1995 土壤元素近代分析方法等相关规定，共 10 个指标。

二、结果和分析

1. 大气环境质量监测结果与分析

根据巫溪县 7 个样点大气采样分析数据表明，所有监测点的环境质量均达国家一级标准，各监测点的污染综合指数日均值分别为 SO_2 0.03 mg/m^3，TSP 0.075 mg/m^3，NO_x 0.001 mg/m^3，氟化物 4.75 mg/m^3，完全符合绿色中药材栽培的大气环境条件。

2. 水质监测与评价

款冬花多种植在海拔 1 400 m 以上的地区，我们对不同来源的 10 个基地水源作了监测，其中有 3 条地表水、7 个井水点。从各点的分析数据来看，所有样点都未检出重金属汞、镉、砷、铅和氰化物，其他指标均达 GB3838—2002 地表水环境质量标准一级标准，说明款冬花种植基地灌溉水完全符合绿色中药材的灌溉用水要求。

3. 土壤环境监测与评价

为全面了解款冬花 GAP 规划区内的土壤环境状况，我们根据规划区土质结构和地形特点，布置了 6 个监测点。从分析结果来看，除 3 个点镉超过国家二级标准外，其余指标均符合 GB15618—1995 土壤环境质量标准二级标准，NV/T391—2000 土壤元素近代分析方法之规定。

为了分析土壤重金属含量是否对款冬花药材的重金属含量有影响，我们在科研基地分析了土壤重金属含量与款冬花重金属含量之间的相关关系。结果表明，土壤重金属含量与款冬花产品无明显相关关系，少数镉超标不影响款冬花产品质量，更不会直接导致款冬花产品镉超标。因此，款冬花 GAP规划区内的土壤条件符合绿色中药材栽培要求。

三、结论及建议

巫溪款冬花 GAP 种植必须根据其自身特点，在良好的环境下限制农药、化肥的使用。势必导致款冬花种植基地环境（大气、水质、土壤）高度净化，同时也是发展款冬花药材产业的前提和基础。环境中有害物质会被农作物吸收，国内外近几年的研究已在多种农作物及水果中检出有毒物质，因此国家《中药材生产管理规范》特别对种植的环境条件作了强调。巫溪款冬花基地也根据要求作了明确规定。

　　建立款冬花 GAP 种植基地，是现代化中药材产业发展的要求，特别是东南亚及 WTO 成员对款冬花进口提出了越来越高的要求，增加了农药残留量的检测种类及含量。为了适应市场需求，巫溪款冬花种植基地进行了有效的探索，制定了《巫溪款冬花综合标准》和《款冬花规范化栽培操作规程》（SOP），改善种植基地农环质量是我们万亩款冬花种植优先考虑的重要措施之一。我们相信，只要严格按照规范进行生产管理，把好环境质量关，款冬花产品各项指标均能达到绿色药品要求。

附录 H 巫溪 GAP 基地款冬花生产概况

一、款冬花品种来源及鉴定情况

巫溪 GAP 基地种植的款冬花,从自然野生款冬花经过驯化而来,采用多年良种培育,选育成目前大面积栽培品种。

该品种经重庆市中药研究院物种鉴定,确定为菊科款冬属款冬种(*Tussilago farfara* L.)。

该品种经多年种植选育,生长势好,抗逆性强,花质优,易于加工,栽培管理容易,具有很高的药用价值。据重庆市中药研究院检测,该品种含款冬酮 0.03%,是目前款冬花品种中的上乘品种。具体检测方法与结果见第 6 章。

二、巫溪款冬花种质来源

巫溪款冬花经重庆市中药研究院物种鉴定为菊科款冬属款冬种(*Tussilago farfara* L.),该品种是在特殊的地理生态条件下,经过长期的延期选择形成的遗传物种。该品种以未开花蕾入药,其花蕾在 9 月下旬开始分化,12 月下旬至翌年 2 月上旬出土开花,故又名九九花。款冬花喜阴凉湿润气候,多生于河边沙壤地段,后经人工培育驯化后,可以大面积人工栽植。巫溪款冬花即是通过多年人工选育所得。

三、款冬花质量控制及评价情况

款冬花生产推行 GAP 后,必须提高产品质量。款冬花生育期为 280 d,其药用部分生育周期为一年。要提高产品本身质量,就必须保证生产种植的环境条件、地理位置、农药施用、肥料施用、加工器具卫生状况,正确的采收时间和加工方法以及仓储养护、包装运输等各个环节都应该按严格的既定标准操作，控制各个环节的操作质量，才能形成真正优质的款冬花产品。

1. 具体质量控制方法和手段

植物对环境要求有相当强的自然选择性和品种特殊性，首先决定了该植物最适宜生存的环境。根据款冬花的生长习性和 GAP 具体要求，对款冬花从种到收至加工、储藏一系列活动采取相应措施进行有效控制，确保款冬花产品达到预期质量标准。

（1）加强农业环境条件动态控制。重点是加强对种植基地、加工场所的大气、土壤、水质的监测，控制大气、土壤、水质符合国家农环质量二级标准。

（2）充分考虑种植基地的适应性。根据款冬花生长习性，除重点考虑外界环境质量因素外，款冬花对种植区域的适应性是重点控制点。根据产品有效成分和产量分析，种植地域选在海拔 1 400 ~ 1 800 m 地段最佳，且以质地疏松、排灌方便、无污染源的沙壤土质较好，有利于植株正常生长和花蕾孕育。超过此海拔范围，款冬花虽能生长，但其花蕾质量欠佳，产量很差，不宜大面积种植。

（3）正确施用农药，严格控制用药品种和用量，确保重金属离子和农药残留不超标。

根据 GAP 种植基地要求，按照款冬花 SOP 农药操作规程，依据款冬花病虫害发生特点及规律，在巫溪款冬花种植基地限量施用国家允许使用的下列农药品种。① 防治褐斑病，亩施 1∶1∶100 波尔多液 60 ~ 80 kg，或 50% 多菌灵 1 000 倍液 60 ~ 80 kg；② 防治叶枯病，亩施 50% 甲基托布津 500 ~ 800 倍液 80 kg 以下；③ 防治蚜虫，亩施自制烟草浸剂 100 kg；④ 防治蛴螬，亩施自制大蒜浸剂 100 kg。除以上列举允许施用的农药品种之外，其他国家已经明令禁止生产和使用的化学制剂、生物制剂均不能在 GAP 基地及基地周围使用，已经列为 GAP 种植基地禁用的农药品种不能用于款冬花 GAP 种植基地使用。

（4）合理限量施用化肥。

化肥是一种速效无机肥，虽能快速补充植物所需养分，但也能造成土壤供肥能力下降、养分失去平衡。因此施肥要看天、看地、看作物，根据 GAP

施肥要求，按照款冬花 GAP 施肥操作规程，依据土壤供肥能力、土壤养分含量情况、款冬花对肥料的要求等因素，合理确定肥料品种和用量。依据上述因素，巫溪款冬花 GAP 种植基地施肥原则是以有机肥为主，无机肥为辅，重施基肥，轻施苗肥，巧施花蕾肥，具体施肥标准参照 SOP 细则。

（5）施用有机肥必须经过无公害化处理。有机肥构成复杂、养分全面且丰富，但有毒物质也不少，如不经处理直接施用，往往会造成卫生质量不合要求。根据 GAP 要求，有机肥中的厩肥、圈肥、堆肥、绿肥等使用前必须经过堆码发酵 10 d，经检测细菌总数和大肠杆菌数符合 GB5084—92 要求后方能用于基地施用。粪水必须经过沼气池、化粪池或污水处理后，经检测符合 GB5084—92 要求后方能施用。同时，按 GAP 要求，每亩施用有机肥限量在 3 000 kg 以下。

根据巫溪县人民政府有关规定，款冬花 GAP 种植基地禁止施用城市生活垃圾、工业垃圾、医院粪水和垃圾。各基地施用的有机肥只能是就地就近堆制采集，严禁异地调运。

（6）加强使用器械及机具消毒，严防交叉感染。

为防止因机械、运输器具的使用造成交叉感染，应对各种用于生产、加工、贮藏、运输的机械、器具进行严格的消毒处理。对用于大田生产的手工农具进行紫外线消毒杀菌。用于生产加工的机械、器具、贮藏器具、运输车辆及盛装器具，一律用福尔马林进行熏蒸处理。

（7）合理界定采收时间，使用正确采收方法。采收有一定的时限性，收早了花蕾分化未成熟，有效物质含量不高；收迟了花蕾出土开花，有效物质转化丢失，影响产量和质量，因此合理采收很必要。根据款冬花花蕾分化特点，按照海拔、气象等因素，巫溪 GAP 种植基地款冬花最适宜采收时期为 11 月下旬至翌年 1 月上旬。

采收还应掌握正确的采收方法。合理正确的采收方法既能保证款冬花的外观形状，同时也能获得最佳产量、产值。采收时先用锄头从植株侧面挖开，然后轻轻抖下泥沙，用手轻轻掰花蕾摘下即可。摘花蕾时只能一个一个地摘，不能多个一起摘，那样会损伤花蕾，使其变形变色。

（8）严格对包装物消毒，防止包装物与款冬花接触感染。

包装物选用竹器、藤条编织物等器物，禁止用铝制品等金属容器包装。同时对包装物用甲醛进行消毒正理，防止交叉感染。

（9）正确分级，严格把关。

产品加工半成后，要对其正确分级，以质定位。根据巫溪款冬花地方企业标准，按照色泽、100 粒重分为特级、一级、二级、等外级四个标准。具体分级标准参照《巫溪款冬花地方标准》。

（10）仓储养护。

款冬花入库后，应加强管理和养护。确保仓储期间无虫害、霉变、鼠害等现象，同时防止色泽变化。在仓储期间，仓库保管员应定期对库存品进行检查，观察记录温湿度、色泽变化情况，根据款冬花仓储要求适时调查库房温湿度及光照，确保仓储期其质量不发生变化。

（11）采取有效措施安全运输。

款冬花在运输途中，会因环境温湿度变化而发生变化，因此采取合理有效的运输工具和措施必不可少。一是加强对运输车辆的消毒处理；二是做好通风防雨措施，保证车内既通风又防雨淋，确保运输安全。

2. 质量分析

巫溪款冬花在质量控制方面很有讲究，为了确保巫溪款冬花的道地性，又不失 GAP 要求的各个环节质量控制，在种根的选库使用、肥料品种选用及限量施用、农药品种的选用及限量施用、有机肥无害化处理、使用器具及包装物消毒处理、产品分级、包装运输、仓库养护等各个环节均按国家标准或地方标准严格执行，既符合国家食品药品卫生质量标准、国家绿色食品药品农环质量二级标准，也符合中药材质量管理规范化生产要求。其方法具体、措施明确，限量科学准确、标准依据合理有效，产品质量符合国家绿色药品要求，相关成分的含量达国家相关标准，控制方法合理有效。

根据重庆市中药研究院产品质量分析结果显示，巫溪款冬花含款冬酮、黄酮类、倍半萜类、生物碱和挥发油等，其有效成分芦丁的含量居我国之首，没有有毒成分、没有农药残留，有毒重金属含量远远低于国家标准，质量上乘，品质优越，色泽美观，是款冬花产品的上乘佳品。

四、历年来质量控制及检测情况

巫溪款冬花在整个生产加工过程中，都信守质量第一，坚持做到每个生产加工环节都必须避免其质量遭受影响，同时对每个关键点进行质量监测和控制。

在检测质量时，都是抽样检测，抽样方法按 NT/T896—2004 产品抽样。抽样尽量按照均匀布点、按比例抽样的原则进行，所取样品具有代表性。在种根质量检测时，我们都按每批次抽样检测，抽样比例为 10∶1，抽样方法为随机取样。在产品质量分析和检测取样时，均按 NX/T896—2004 的抽样准则执行，同时每袋按上、中、下三部位取样。

为了生产出优的款冬花产品，我们严格按照巫溪款冬花 SOP 要求，对生产种植各个环节进行质量监控管理，重点放在种根培育、基地选择、基地农环质量测控、肥料施用、农药施用、适宜采收和正确加工等方面。

要得到优质高产的款冬花产品，种根的质量起决定作用。巫溪款冬花具有独特的道地性，是通过千百年的自然物种选择和人工驯化所得，其种质变异较小。种根质量优劣直接影响花蕾的产量和质量。为此，我们根据款冬花的繁殖特点和生物学特性，建立了二级良种繁育基地 1 000 亩，并收集种植于全县不同乡村的款冬花样品，采用集团选育方法进行良种选育，提纯复壮所选良种，再利用二级基地进行繁殖，所产种根经检测检疫无病虫害，根茎粗壮，色白，无检疫性病虫对象。直径在 0.3 cm 以上的合格根茎用于 GAP 推广基地作种用，把住种根质量关。

所有植物都离不开肥、水、气这三个要素，它们直接决定着植物生长的好坏、品质的优劣。因此，只要控制好了肥、水、气，也就控制了植物的产量和品质。巫溪款冬花也不例外，按照中药材质量管理规范要求，我们在款冬花种植方面严格按照巫溪款冬花种植规程（SOP）规定，在选择种植基地时，首先对土壤、水质、大气进行检测，通过对全县 30 多个点抽样检测结果（具体结果见第 4 章），筛选了尖山、文峰、宁厂、大河、徐家、易溪、中梁、下堡、鱼鳞、双阳 10 个乡镇中农环质量均达国家二级标准的 46 个村定为推广基地，同时在尖山的九狮坪建立了气象观测哨，全方位监控款冬花的生长环境。

植物生长好坏、品质优劣，与生长过程中各环节的肥水和农药施用直接相关。我们在款冬花种植过程中，重点加强了用肥、用药及排灌水等田间管理。肥料施用遵循以农家有机肥为主、化肥为辅、种类搭配、重基肥少追肥的施用原则。农家肥在施用前全部经过无害化处理，达到经检测无重金属超标、无浸染性病原菌、无虫卵，微生物限度符合国家农环质量二级标准要求。化肥施用规定品种、用量、施用时间。一般情况下尽量不施用化学类农药，必须施用时则按《农药安全施用实施细则》之规定，限量、限类、限时施用，符合绿色食品用药要求。不能因用肥、施药不当造成对产品的污染，要求产品农药残留和重金属含量全部符合内控质量标准。田间管理的另一个重要环节就是除草培土，在款冬花整个生长过程中，做到田无杂草、地无病株。为了防止花蕾外露变色，在9月份再一次培土，确保花蕾不露土。

款冬花药材质量要上乘，除了加强田间管理外，加工也是极为重要的一环。在采收、加工过程中，如果掌握不好干燥过程的温度变化，采收到加工堆码时间过长，都会造成产品变黑或黄而影响质量。我们在加工时，严格按照传统加工工艺，引用现代加工设备，避免了过去因天气差就产不出好花的现象。同时严格限制采挖到加工的鲜品堆码时间。

重庆巫溪GAP基地所产款冬花产品色美质优，经重庆市药监所检测，各项理化指标均符合企业内控质量标准。

五、防止伪劣种根交易与传播的规定

为了在当地尽快推行中药材生产质量管理规范，更进一步提高中药材质量，落实GAP种植技术。结合本县实际情况，确保当地款冬花通过GAP认证，有效防止款冬花伪劣种根在我县交易与传播，特作如下规定。

1. 款冬花种根繁育

款冬花是重庆知名道地药材，具有独特的道地性。为了确保品种的道地性，保证GAP推广种植基地用种，在当地中药材产业化办公室的指导下，根据款冬花生长习性和环境要求，分别在易溪乡的龙台村、尖山镇的百庙村各建良种繁育基地500亩，负责巫溪县款冬花的品种提纯复壮以及各GAP基地用种繁殖。其他乡镇不得从事和变相从事款冬花种根的繁育繁殖工作。

2. 款冬花GAP种植基地种根来源

为了确保种根质量，理顺供种渠道，中药材产业化办公室负责对良种繁育基地的种根质量管理及调运。凡是调运至各GAP种植基地的种根一律要求直径在 0.3 cm 以上，同时经过植物检疫部门检疫合格，方能用于生产种植。各种植基地不得自行留种，不得在良种繁育基地外购种。良种繁育基地未经中药材产业化办公室许可，不得自行对外销售种根，更不能自行推广，为基地自种提供种根。良种繁育基地采收的种根直径在 0.3 cm 以下者集中销毁，不得提供给推广基地和对外销售。

3. 职责与处罚

各乡（镇）人民政府负责本辖区内的种源管理及基地用种管理。中药材产业化办公室负责良种基地良种繁育、调运及管理，负责各种植基地种根调运及分配。

对违反本规定第一条者，按《中华人民共和国种子管理法》《重庆市种子管理实施细则》相关条款处理，情节严重者交司法机关追究刑事责任。

违反本规定第二条者，交由工商管理部门处理，对负有领导责任的个人给予行政处理。

本规定自发布之日起执行。

六、人员培训情况

为提高款冬花产品品质，严格按照《中药材生产质量管理规范认证管理办法》以及《中药材 GAP 认证检查评定标准》的人员培训要求编制了《人员培训方案》，并付诸实施。

2003 年来，对公司员工、基地乡镇的各级干部及中药材种植农户分层次进行严格的技术培训，一是质管部长、生技部长送中药研究院委培；二是质管部长和生技部长按职能负责公司和基地的人员培训；三是请重庆市中药研究院、重庆邮电大学的专家、教授深入县、乡镇培训现场讲课。3 年来，共举办各种类型的培训班 23 次，共培训 13 480 人次，其中乡镇（处级）以上领导干部 95 人次，社长以上干部 2 260 人次，中药材种植户农民 11 125 人次，公司员工平均参训 34 天。印发技术操作手册 3 000 份，基地农户和技术员人手一册。

培训方式灵活多样，除生技部统筹组织，深入基地开展培训外，还聘请了重庆市中药研究院、重庆邮电大学的专家、教授深入县、乡镇现场讲课 3

次，播放录像带 6 次。结合电化教学手段，采取模拟演示、分析、讲解、现场指导的方式对广大农民进行技术培训。农民看在眼里，记在心里，运用在种植、加工上，尤其是乡镇、社干部在组织生产时，是名副其实的指导员，在田间操作时，又是经验丰富的技术员。县上涉及中药材产业的县级、县属部门领导对中药材 GAP 项目建设的认识更加深刻，乡镇、村、社干部对这一项目的意义有了更新的认识。

附录 I 款冬花培训教案（质管、种植、加工、仓储）

一、质管部分

1. 来源与植物形态

款冬为菊科多年生草本植物款冬（*Tussilago farfara* L.）的花蕾。

多年生草本，高 10 ~ 25 cm，基生叶具长柄，柄长 8 ~ 20 cm，叶片阔心形或近卵形，长 7 ~ 15 cm，宽 8 ~ 16 cm，先端钝或近圆形，边缘具有波状疏锯齿，上面光滑无毛，绿色，下面密被白色茸毛，掌状网脉，主脉 5 ~ 9 条，花茎数个，被白茸毛，具互生鳞状叶 10 余片，淡紫褐色。花先叶开放，头状花序单一，顶生，黄色。边缘为舌状花，雌性；中央为管状花，两性。瘦果椭圆形，有明显纵棱，冠毛淡黄色，花期 2 ~ 3 月，果期 4 月。主产于河南、甘肃、四川、山西、陕西等省。

2. 药材性状

呈不规则棍棒状。单生或 2 ~ 3 个花序基部连生，俗称"连三朵"，长 1 ~ 2.5 cm，直径 0.5 ~ 1 cm，外面被有多数鳞片状苞片，苞片外表面呈紫红色或淡红色；内表面密被白色茸毛；下部苞片呈钝三角形，上部呈卵圆形，基部具白色茸毛一束，中部呈宽卵圆形，背面满布白色毛茸。舌状花及管状花细小，长约 2 mm，子房下位，均有冠毛。气清香，味微苦带黏性，久嚼似棉絮。以干燥、蕾大、肥壮、色紫红、三个花序连在一起、花梗短者为佳。

3. 显微特征

粉末：棕色，绵绒状。花粉粒呈类圆形，直径 28 ~ 40 μm，外壁具刺和 3 萌发孔沟。苞片或花序轴上的毛茸呈鞭状，长达 510 μm，由 2 ~ 3 个细胞所组成，扭曲盘绕成团。苞片表皮细胞呈类长方形或类多角形，垂周壁薄或略呈连珠状增厚，平周壁有断续条状纹理。气孔不定式圆形或长圆形，副卫细胞 4 ~ 7 个。管状花冠顶缘，细胞形大，呈类圆形，其下方纵向延长。舌状花柱头表皮细胞略呈梨状突起。花序轴厚壁细胞呈长方形，长约 95 μm，直径 17 ~ 28 μm，壁厚 4 ~ 6 μm，微木化，具壁孔。

花序轴横切面：表皮细胞近方形，角质层较厚而不平整。皮层由 17 ~ 19

列类圆形细胞组成，细胞向内渐次增大，细胞间隙明显，其中分散有含菊糖及棕色物质的薄壁细胞。内皮层明显。维管束环列，其外方有一较大的分泌道，此分泌道与韧皮部之间及木质部中常有一小束或成片的厚壁细胞。髓部全为薄壁细胞，其中少数细胞内也含棕色物质。

苞片横切面：角质层较厚，不甚平整。上表皮细胞类圆形，其中偶有含棕色物质者；其下方为 1 列排列整齐的圆形薄壁细胞。由此至下表皮全为薄壁细胞，10 余列，类圆形，渐次增大，内含物稀少。维管束的韧皮部及木质部均明显；维管束的上方有大型分泌道。下表皮层细胞形状同上表皮层细胞，但略呈切向延长。

4. 化学成分

花含款冬酮、款冬二醇（Faradiol）等甾醇类、芸香苷（Butin）、金丝桃苷（Hyperin）、三萜皂苷、鞣质、蜡、挥发油和蒲公英黄质（Taraxanthin）。

二、种植方面

1. 生长特性

喜生长于河边、沙地、高山阳坡或山中早阳晚阴之处，喜冷凉潮湿环境。忌高温和干燥环境，如果夏秋气温超过 36 ℃，地上部就会枯死。对土壤要求不严，适应性较强，忌黏土。

2. 栽培技术

（1）选地整地

选腐殖质壤土或沙质壤土，要求表土疏松、底土紧实。整地，地块选好后，每公顷施 15 000 ~ 22 500 kg 人畜粪、厩肥、草木灰等农家肥料为基肥，深翻 18 ~ 24 cm，整平打碎。

（2）繁殖方法

款冬花在实际生产中采用根茎繁殖，种子繁殖太慢，生长期长，故很少采用。

根茎繁殖：早春解冻后进行春栽，先将根茎刨出，剪成 15 ~ 18 cm 长一段，每段有 2 ~ 3 个芽苞。每公顷需种根 525 kg 左右。一般采用条栽或穴栽两种方法。条栽：按 30 cm 行距开沟，沟深 10 cm 左右，每隔 22 ~ 25 cm 放一段种根，随即覆土扒平。穴栽：按照株行距各 45 cm，深 10 cm 左右，每穴栽种根茎 2～3 段，上施一把肥料，然后覆土扒平。也可在冬季栽种，结合采花时，随刨随种。通常栽种 3 年后要换地另种。

（3）田间管理

① 中耕除草。

款冬花出土后，在生长期一般应进行 3 次除草，即在 4 月、6 月、8 月各进行一次。每次中耕都不能深，以免伤根。第二、三次中耕除草时，应在款冬花基部适当培土，以防花蕾长出土外，影响质量。

② 追肥。

一般连续栽培几年，土壤中的养分逐渐减少，产量逐年下降，为了稳定产量，应适当追肥。通常每年追肥 3 次，在每次中耕除草时结合进行。每次每公顷需人畜粪水、厩肥、火土等 11 250～15 000 kg。

③ 灌水排水。

款冬花虽喜潮湿，但怕积水，所以在生长期内，应注意适当灌水和排水，使土壤经常保持湿润。

3. 病虫害防治

（1）褐斑病：危害叶片。7～8 月高温高湿时危害严重。病叶上出现圆形或近圆形、中央褐色、边缘紫红色的病斑，严重时叶片枯死。

防治方法：① 采收后清洁田园，集中烧毁残株病叶。

② 雨季及时疏沟排水，降低田间湿度。

③ 发病初期喷 1∶1∶100 波尔多液，或 65%代森锌 500 倍液，每 7～10 d 喷 1 次，连喷 2～3 次。

（2）菌核病：6～8 月高温高湿时发生。发病初期不出现症状，后期有白色菌丝渐向主茎蔓延，叶面出现褐色斑点，根部逐渐变褐、潮润、发黄，并散发出一股酸臭味，最后根部变黑色、腐烂，植株枯萎死亡。

防治方法：同褐斑病。

（3）枯叶病：雨季发病严重，病叶由叶缘向内延伸，形成黑褐色、不规则的病斑，使叶片发脆干枯，最后萎蔫而死。

防治方法：① 发现后及时剪除病叶，集中烧毁深埋。

② 发病初期或发病前，喷施 1∶1∶120 波尔多液，或 50%退菌特 1 000 倍液，或 65%代森锌 500 倍液，每 7～10 d 喷 1 次，连喷 2～3 次。

（4）蚜虫：以刺吸式口器刺入叶片吸取汁液，受害苗株，叶片发黄，叶缘向背硬面卷曲萎缩，严重时全株枯死。

防治方法：① 收获后清除杂草和残株病叶，消灭越冬虫口。

② 发生时，喷施 40%乐果 3 000 倍液，或 50%灭蚜松乳剂 1 500 倍液，连喷数次。可用烟草制剂，即烟叶 2 kg，先用水泡 24 h，然后加石灰 2 kg、肥皂 4 块，共加水 60 kg 制成水剂喷施，也可用乐果乳剂 0.5 kg 加水 1 000 kg 喷施防治。

（5）蛴螬：咬食地下根状茎。用 90%敌百虫毒灭。

三、采收加工

款冬栽培一年后可采收花蕾。采收时间一般在立冬前后，在花蕾未出土、苞片显紫色时及时采收。过早，因花蕾还在土内或贴近地面生长，不易寻找；过迟，则花蕾已开放，使产品质量降低，切不能在花已出土开放后才采。采收时用锄头将根茎全部挖出，摘下花蕾。所遗根茎埋入土中，翌年春天作种用，或仍按栽种时的行株距埋入土中，第二年继续收获。

花蕾采后立即薄摊于通风干燥处晾干，不能日晒或用手翻动，以免花蕾腐烂，色泽不佳。经 3~4 天，水汽干后取出，筛去泥土，除净花梗，再晾至全干即可。遇阴雨天气，用木炭或无烟煤以文火烘干，温度控制在 40~50 ℃。烘干时，花蕾不宜摊放太厚，5~7 cm 即可；时间也不宜太长，而且要少翻动，以免破损外层苞片，影响药材质量。

产量与质量：

（1）产量：一般亩产干花 30 kg 左右。

（2）质量：以干燥，色紫红，朵大、饱满、完整，香气浓郁者为佳。

四、包装储藏

款冬花一般用内衬防潮纸的瓦楞纸箱包装，每件 10 千克左右，置阴凉干燥处储存，温度 28 ℃以下、相对湿度 65%~75%，商品安全水分 10%~13%。

附录 J 款冬花良种选育标准操作规程

1 范 围

本标准规定了款冬花（ *Tussilago farfara* L. ）种苗的术语定义、质量要求、分级依据、检验方法以及包装、标志和运输方法。

本标准适用于款冬花种苗的质量鉴定。

2 规范性引用文件

下列文件中的条款通过本标准引用而成为本标准的条款。凡是注日期的引用文件，其随后所有的修改单（不包括勘误的内容）或修订版均不适用于本标准，然而，鼓励根据本标准达成协议的各个方面研究是否可使用这些文件的最新版本。凡是不注日期的引用文件，其最新版本适用于本标准。

GB
植物检疫条例（中华人民共和国国务院）
植物检疫条例实施细则（农业部分）（中华人民共和国农业部）

3 术语和定义

下列术语和定义适用于本标准。

3.1 种苗（Seedlings）

横生于款冬地下的白色具芽的根状茎。

4 质量标准

4.1 基本要求

4.1.1 种苗来源清楚，品种纯度大于 95%。
4.1.2 生长健壮，种节具芽，无腐烂、变质和病虫害。

4.2 分 级

在符合 4.1 的前提下，依照下列指标进行分级。

依种节的茎粗、芽的数目两项指标，把款冬花种苗分为两级（表 J.1），低于二级标准的种苗为等外级，不得作为商品苗出售。

表 J.1 款冬花种苗分级指标

项 目	一级	二级
茎粗（直径）/cm	≥0.4	≥0.2
芽数目	2～4	1～4

5 检验方法

5.1 检验要求

同一批苗统一检验。

5.2 抽 样

按 GB9847—1988 中 6.2 规定进行。

5.3 纯度检验

将样品逐株用目视观察其根状茎形态特征，确定属报检品种的种苗数。品种纯度按式（1）计算。

$$品种纯度（\%）=\frac{样品中指定品种种苗株数}{样品种苗总株数}\times100 \qquad (1)$$

运算结果四舍五入，保留到小数点后一位。

检验结果记录入附录 A 规定的记录表中。

5.4 外观检验

茎粗用游标卡尺测量种苗中间部位，芽的数目按实际芽计算。

检验结果记录入附录 A 规定的记录表中。

5.5 疫情检验

按中华人民共和国国务院颁布的《植物检疫条例》和中华人民共和国农业部颁布的《植物检疫条例实施细则》（农业部分）中有关规定进行。

6 检验规则

6.1 种苗质量的检验于种苗挖出时进行。

6.2 种苗取出前，种苗质量由供需双方共同委托种子种苗质量检验技术部门或该部门授权的其他单位检验，并由该检验技术部门签发款冬花种苗质量检验证明书。种苗质量检验书格式见附录 B。

6.3 生产性种苗应有质量合格证明书。

7 定级准则

7.1 符合 4.1 规定，如果达不到其中的某一项者，则定为不合格。

7.2 以表 J.1 规定部分分别进行评判，如各项指标均达到一级指标，为一级苗；如某些指标未达到一级指标，则按二级苗评判，各项指标达到二级指标，则为二级苗；如某一项指标达不到二级指标，则定为不合格苗。

8 包装、标志、调运

8.1 包 装

款冬花种苗如需调运，宜用竹筐、编织袋或其他通风透气性能良好的容器包装。

8.2　标　志

为防止品种混杂，种苗出圃时需挂标签，注明种苗名称、级别、数量、育苗单位、合格证号和出圃日期。

8.3　调　运

款冬花种苗在运输途中严防日晒、雨淋，用有篷车运输。当运输到目的地后立即卸苗，并置于阴凉处或埋入土中，尽早定植。

附录 A

（规范性附录）

款冬花种苗质量检测记录表

品　　种：_____　　No.：_____

育苗单位：_____　　购苗单位：_____

报检株数：_____　　抽检株数：_____

样　株　号	茎粗/cm	芽　的　数　目	级　别

审核人（签字）：　　　　　　校核人（签字）：

检测人（签字）：　　　　　　检测日期：　　　年　　月　　日

附录 B

（规范性附录）

款冬花种苗质量检验证书

育苗单位		购苗单位	
出苗株数		种苗名称	
检验结果	纯度/%	一级/%	二级/%	不合格/%
检验意见				
证书签发日期		证书有效期	

审核人（签字）：　　　　　　　　　校核人（签字）：

检测人（签字）：

附：款冬花相关彩图

▶▶ 图3.1 款冬原植物

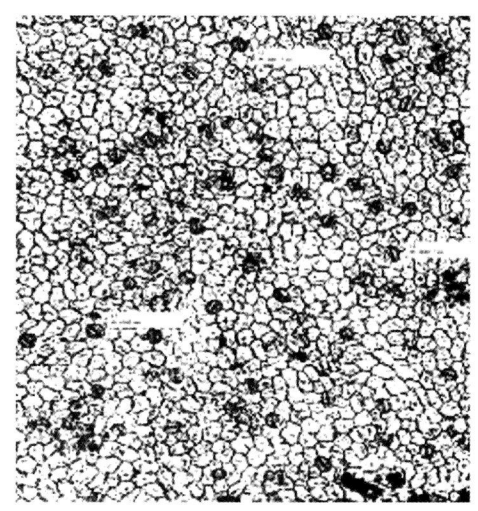

▶▶ 图3.14 款冬花叶上表皮横切（×250）
（示气孔和叶绿粒）

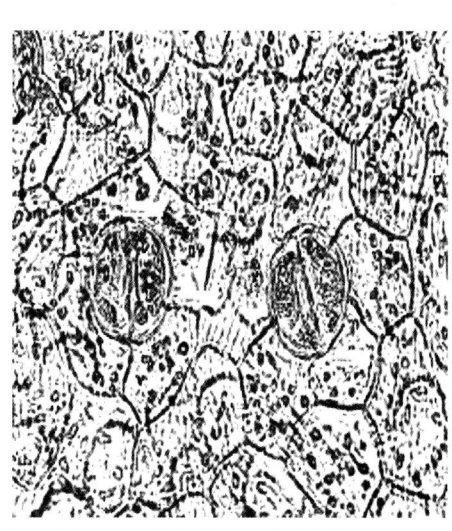

▶▶ 图3.15 款冬花叶上表皮横切（×400）
（示气孔、叶绿粒和角质纹理）

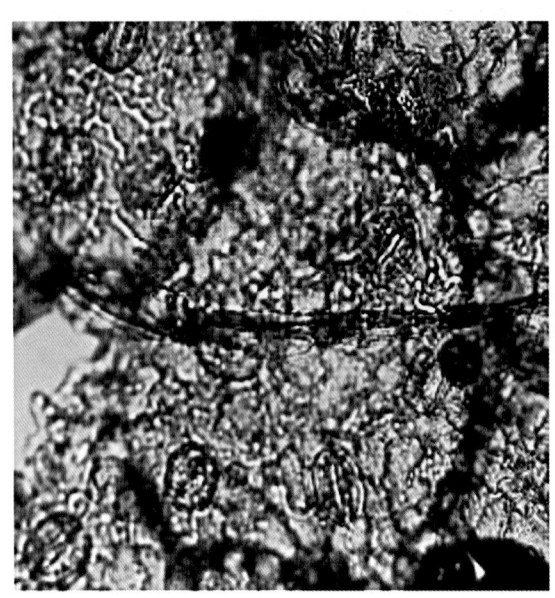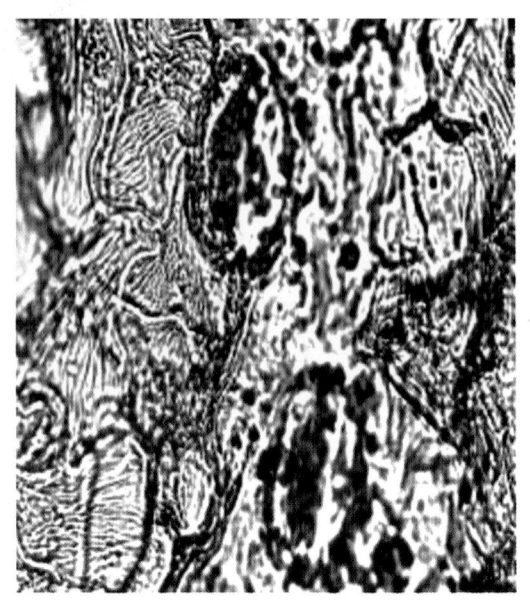

▶▶ **图3.17　款冬花叶下表皮横切**（×400）

（示气孔和角质纹理）

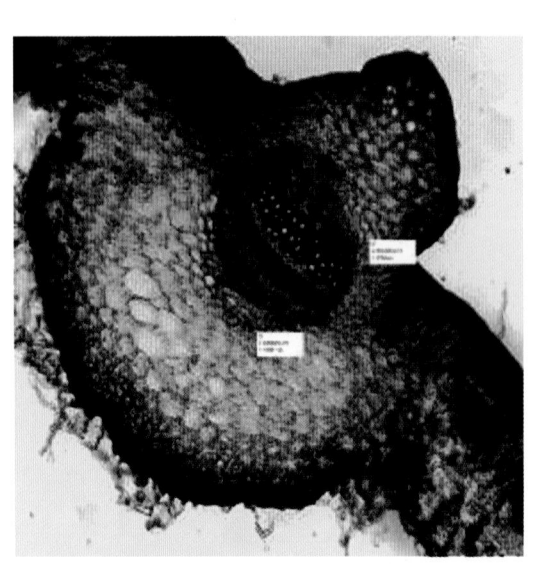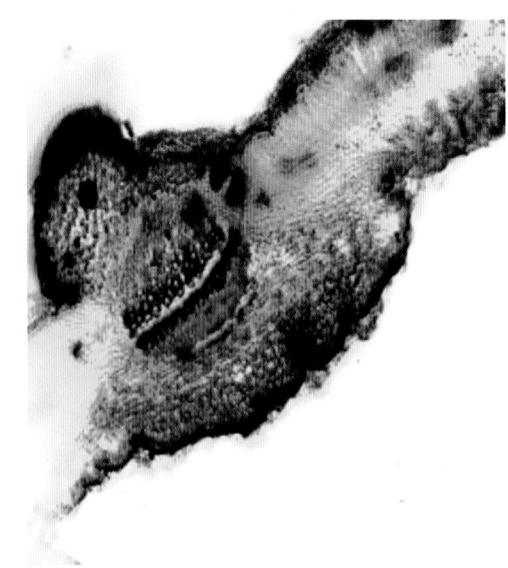

▶▶ **图3.18　款冬花叶横切**（×250）

（示厚角组织、栅栏组织、海绵组织、木质部、韧皮部）

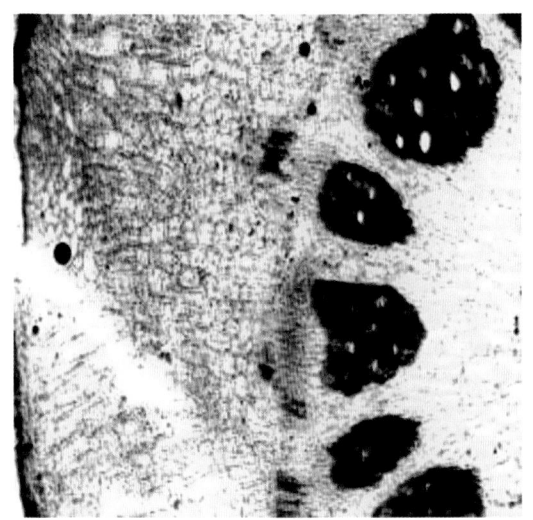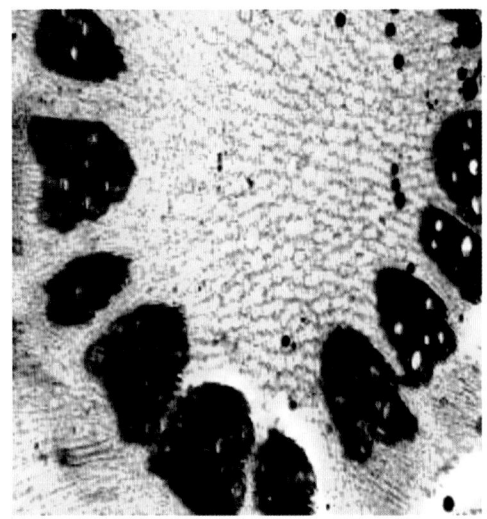

▶▶ 图3.20 款冬花根茎横切（×400）

▶▶ 图3.21 款冬花根横切（×125）

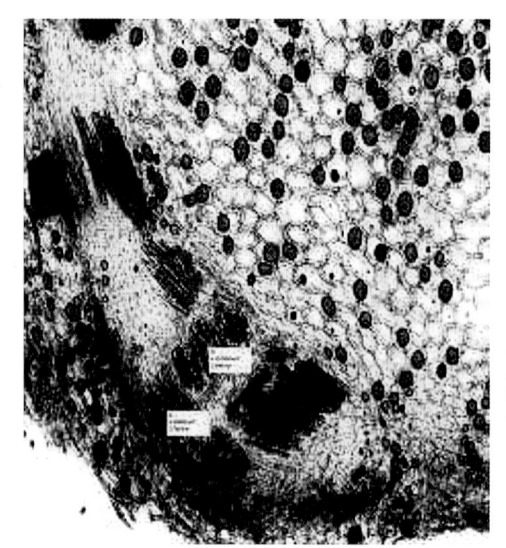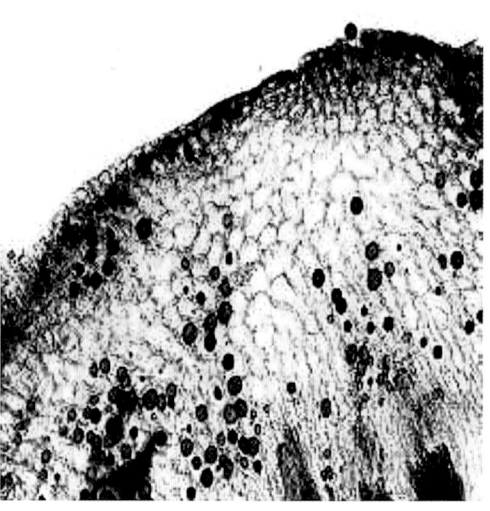

▶▶ 图3.23　款冬花花梗横切（×400）

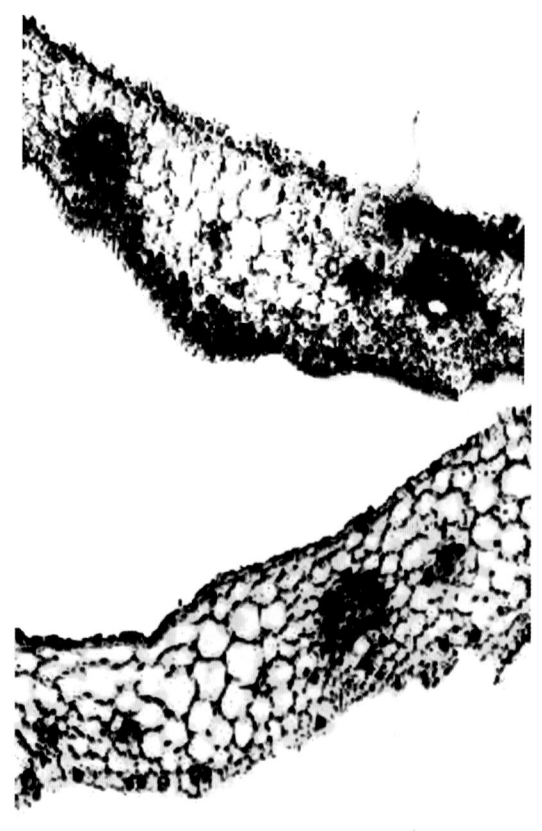

▶▶ 图3.24　款冬花苞片横切（×250）

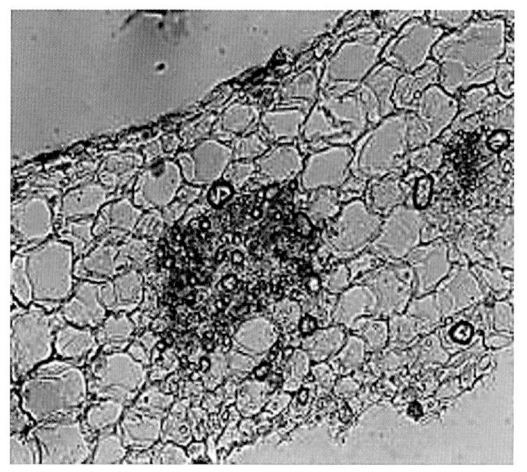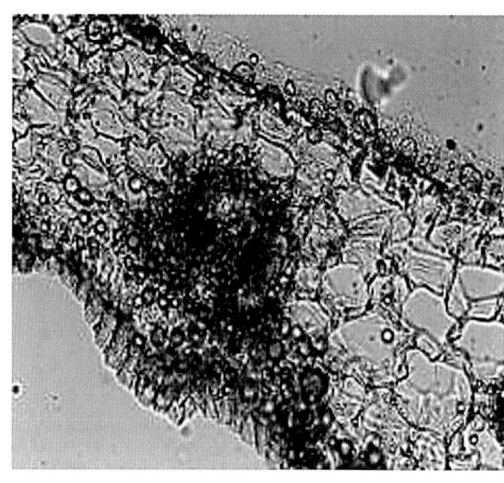

▶▶ 图3.25　款冬花苞片横切（×400）

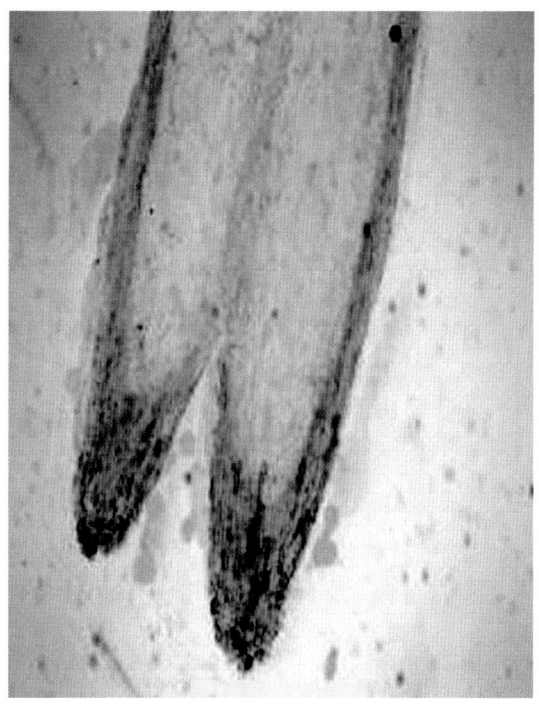

▶▶ 图3.26　管状花压片（×125）

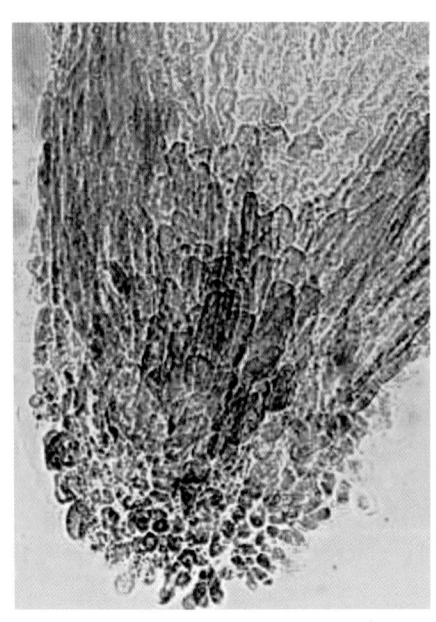

图3.30　舌状花压片（×125）

图3.28　管状花外侧压片（×400）

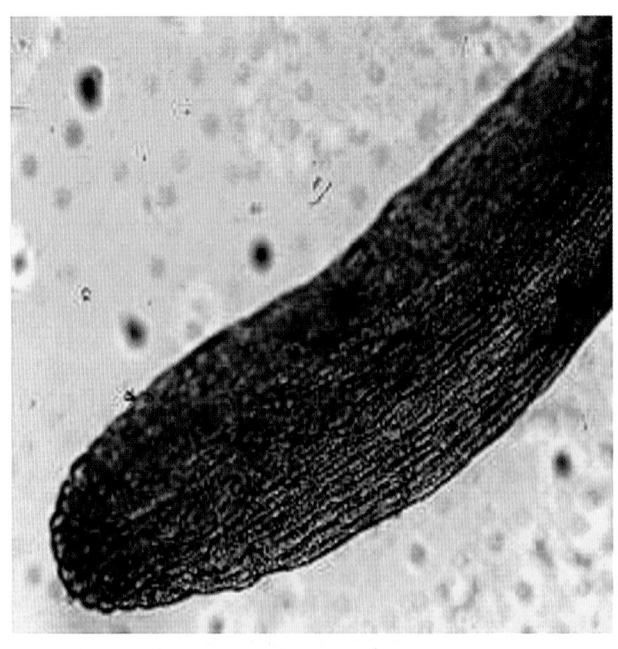

图3.31　舌状花压片（×250）

▶▶ 图3.32　款冬花柱头（×400）

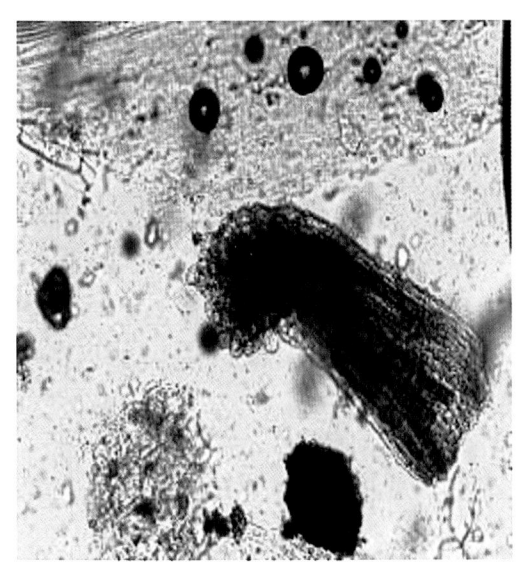

▶▶ 图3.33　款冬花粉末显微特征图（×400）

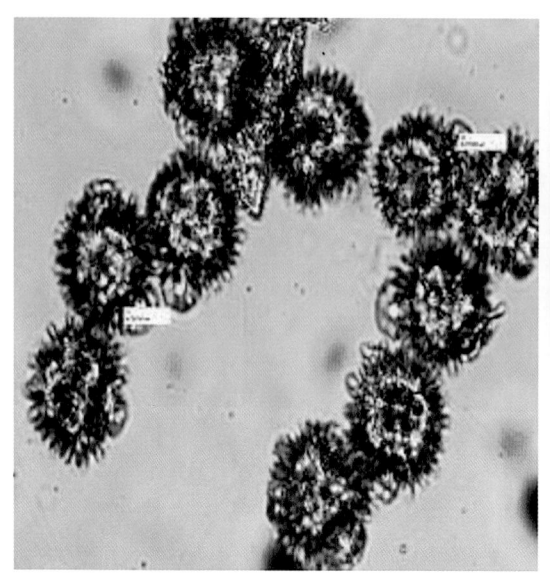
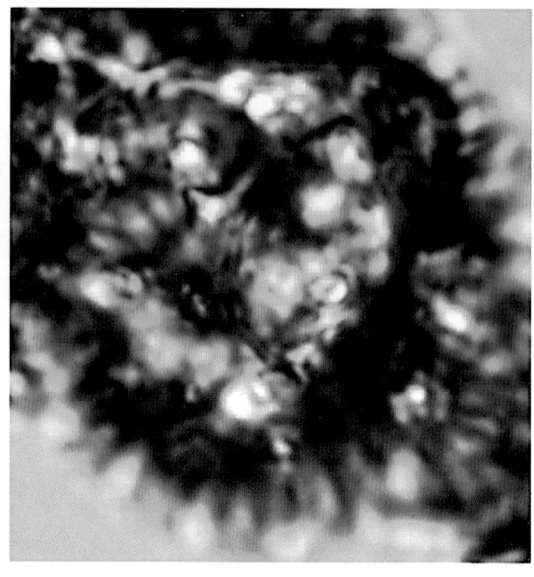

▶▶ 图3.34 款冬花花粉粒（×250）　　　　▶▶ 图3.35 款冬花花粉粒（赤道面）（×400）

▶▶ 图3.36 款冬花花粉粒（极面）（×400）